I0473518

PRINCÍPIOS
DA MECÂNICA DOS MOVIMENTOS

Leandro Bertoldo

Leandro Bertoldo
Princípios da Mecânica dos Movimentos

Leandro Bertoldo
Princípios da Mecânica dos Movimentos

De: _____

Para: _____

_____

_____

Leandro Bertoldo
Princípios da Mecânica dos Movimentos

Leandro Bertoldo
Princípios da Mecânica dos Movimentos

Dedico este livro aos meus pais,
José Bertoldo Sobrinho,
Anita Leandro Bezerra.

Leandro Bertoldo
Princípios da Mecânica dos Movimentos

"Contemplai as belas e maravilhosas obras da natureza. Considerai a sua admirável adaptação às necessidades e à felicidade, não só do homem, mas de todas as criaturas viventes".

Ellen Gould White
(1827-1915)
Escritora, conferencista, conselheira, educadora norte-americana e cofundadora da Igreja Adventista do Sétimo Dia.

Leandro Bertoldo
Princípios da Mecânica dos Movimentos

Sumário

Leandro Bertoldo
Princípios da Mecânica dos Movimentos

Dados biográficos

Leandro Bertoldo é escrevente, professor, cientista em exatas, palestrante e um prolífero escritor, que até o presente momento proferiu 2.000 palestras e publicou mais de 80 livros, com mais de 30.000 exemplares distribuídos. Os seus livros são conhecidos em todo o Brasil e fora dele. Suas obras apresentam diferentes seguimentos e estilos literários.

Dedicado aos estudos, fez as faculdades de Física (1981) e de Direito (2004) na Universidade de Mogi das Cruzes – UMC. Nasceu em 1959 na cidade de São Paulo - SP. É filho primogênito de José Bertoldo Sobrinho (1926-2004), e de Anita Leandro Bezerra (1941-2010). Seu irmão Francisco Leandro Bertoldo (1961) é oficial de justiça em Itaquaquecetuba – SP.

Desde 25 de junho de 1992 está casado com Daisy Menezes Bertoldo (1963), funcionária do Tribunal de Justiça do Estado de São Paulo. Tornou-se dono dos amorosos cachorros: Fofa, Pitucha, Calma, Mimo e Serena.

Sua filha, Beatriz Maciel Bertoldo (1982), fruto do seu primeiro casamento com Francineide Maciel, é advogada em Mogi das Cruzes - SP. Ela está casada com Vicente Alves dos Santos Júnior, e tem um filho chamado Samuel Bertoldo Alves dos Santos (2016).

O seu interesse pela área de exatas vem desde os 17 anos de idade, quando começou a escrever algumas teses originais sobre assuntos inéditos a respeito dos grandes temas da Física e da Matemática.

No início da década de oitenta, quando ainda era graduando no curso de Ciências Exatas e Tecnológicas na Universidade de Mogi das Cruzes – UMC – o autor desenvolveu muitas de suas grandes teses científicas, que resultaram em vários livros.

Todos os seus livros de exatas defendem teses inéditas em Física e Matemática. Entre eles, destacam-se: "Teoria Matemática e Mecânica do Dinamismo" (2002); "Teses da Física Clássica e Moderna" (2003); Colisões e Deformações (2015); "Cálculo Seguimental" (2005); "Artigos Matemáticos" (2006) e "Geometria Leandroniana" (2007), discutidos por grupos de graduandos em várias universidades do país.

Prefácio

Esta obra considera uma inédita análise algébrica de corpos submetidos a diferentes situações dinâmicas, que resultam em diversos efeitos e movimentos. Dividido em doze capítulos, esse livro singular foi intitulado por Princípios da Mecânica dos Movimentos, porque estabelece os fundamentos inovadores para o estudo de novos tipos de movimentos, sempre observados sob o prisma da Cinemática e da Dinâmica Clássica.

Um estudo metódico dos diferentes tipos de movimento exige a sua classificação em várias categorias. Assim, serão estudadas as seguintes situações: "repouso", "movimento uniforme", "movimento uniformemente variado", "movimento dinâmico uniformemente variado" e "movimento dinamizado uniformemente variado". Devido a essa classificação, o presente livro encontra-se dividido em cinco partes fundamentais, a saber:

A primeira parte apresenta uma noção básica dos conceitos físicos da mecânica oferecendo especial atenção ao estudo do repouso, abordando ao final a inovadora noção de momento espacial.

A segunda parte considera o estudo do movimento uniforme e suas consequências cinemáticas, quando a força externa aplicada for nula.

A terceira parte aborda o estudo do movimento uniformemente variado, analisando as grandezas físicas fundamentais que caracterizam este tipo de movimento, no qual a força externa aplicada é constante.

A quarta parte versa sobre o denominado movimento dinâmico uniformemente variado. Neste tipo de movimento verifica-se que todas as grandezas físicas sofrem alterações básicas quando a força aplicada sobre o móvel varia uniformemente com o tempo, provocando o aparecimento de novas grandezas físicas.

A quinta parte procura estabelecer o estudo do movimento dinamizado uniformemente variado, onde são apresentados os conceitos básicos e as grandezas físicas que regem a estrutura desse tipo de movimento, quando a força é uma função do segundo grau.

Eis a síntese dos principais assuntos apresentados nesse livro, que originalmente integrou a obra "Teoria Matemática e Mecânica do Dinamismo".

Esse livro inusitado que o leitor possui em mãos tem o fito de fornece-lhe uma visão mais ampla e compreensível da Mecânica Clássica em relação às causas e os efeitos dos corpos em diversos tipos de movimentos.

Que o leitor possa alcançar um bom proveito com o estudo desse livro revolucionário.

leandrobertoldo@ig.com.br

1. Repouso

1. Introdução

Com o presente capítulo será dado início ao estudo da *Mecânica dos Movimentos*. Aqui serão definidos novos conceitos fundamentais e necessários ao desenvolvimento do estudo do repouso e do movimento. Como por exemplo, posição, tempo, massa e momento espacial.

2. Ponto Material

No estudo dos fenômenos mecânicos, define-se o ponto material como sendo um corpo cujas *dimensões* não interferem na análise de determinado fenômeno.

3. Tempo

Classicamente o tempo é uma grandeza fundamental na descrição de qualquer movimento. Tal noção está associada ao conceito do *antes* e do *depois*, cuja cronometragem ocorre por meio de qualquer fenômeno frequente e uniforme.

A variação de tempo decorrido é igual à diferença matemática entre um instante *posterior* por um instante *anterior*.

Simbolicamente o referido enunciado é expresso por:

$$\Delta t = t - t_0$$

4. Posição

Uma das primeiras etapas no estudo da mecânica está em determinar a posição de um ponto material. Ela é determinada como sendo a distância do ponto em relação a um referencial.

5. Movimento

Um ponto material está em movimento quando sua posição muda no decorrer do tempo.

6. Repouso

Um ponto material está em repouso em relação a um referencial, quando sua posição permanecer invariável com o decorrer do tempo. Caracterizando, em relação ao referencial a total ausência de movimento.

7. Trajetória

Quando um ponto material muda de uma posição para outra, ele descreve uma trajetória. Ela é caracterizada pela posição inicial e final.

A trajetória pode ser orientada e nestas condições, transforma-se numa noção algébrica.

8. Espaço

Espaço é a grandeza física associada ao movimento que mede a variação de posição de um ponto material.

Leandro Bertoldo
Princípios da Mecânica dos Movimentos

A variação de espaço é a diferença matemática entre uma posição *posterior* pela *anterior*.

Simbolicamente o referido enunciado pode ser expresso por:

$$\Delta S = S - S_0$$

9. Móvel

Móvel é qualquer ponto material em movimento.

10. Referencial

Na natureza tudo depende de um referencial. O referencial é o ponto em relação ao qual se considera a observação do corpo em repouso ou em movimento.

11. Massa

Massa é a grandeza escalar que define a quantidade de matéria apresentada por um corpo.

12. Momento Espacial

Por uma questão de simetria da Mecânica dos Movimentos, o momento espacial é definido como sendo igual ao produto existente entre a massa de um ponto material pela sua posição.

Simbolicamente o referido enunciado é expresso por:

$$\Psi = m \cdot S$$

A referida definição representa o princípio fundamental do repouso. Para cada ponto do Universo ele é constante.

13. Unidade de Momento Espacial

A unidade de momento espacial é igual à unidade de massa multiplicada pela unidade de espaço que é o comprimento. No Sistema Internacional de Unidades, a unidade do momento espacial é o quilograma x metro (Kg . m). Esta unidade não tem nenhum nome especial.

14. Força Vazia

O repouso é caracterizado pelo conceito de força vazia. Ela é definida como sendo a inexistência de força. Ou seja, não existe força que venha a ser aplicada num ponto material. O corpo ocupa uma posição imutável.

Simbolicamente, a força vazia é expressa pela seguinte igualdade:

$$F = (\ )$$

Isto significa que uma força *nunca* atuou sobre um ponto material.

2. Movimento Uniforme

1. Introdução

Neste capítulo serão analisadas as propriedades do movimento uniforme. Nesse tipo de movimento a força aplicada sobre o móvel é nula e sua velocidade é constante com o decorrer do tempo.

2. Velocidade

A velocidade é uma grandeza física que mede a intensidade do movimento por meio da variação da posição de um móvel no decorrer do tempo.

Desse modo num instante (t_1) sua posição é (S_1) e num instante posterior (t_2) sua posição é (S_2). No intervalo de tempo $\Delta t = t - t_0$, a variação de posição é $\Delta S = S - S_0$, chamada espaço.

Diante dessa condição, a velocidade (V) é definida como sendo igual ao quociente da variação de posição (ΔS), inversa pela variação de tempo (Δt).

Simbolicamente, o referido enunciado é expresso por:

$$V = \Delta S / \Delta t$$

3. Movimento Uniforme

No movimento uniforme o móvel percorre distâncias iguais em intervalos de tempos iguais. Nestas condições sua velocidade média em qualquer intervalo de tempo é constante.

Portanto, no movimento uniforme, a velocidade média, em qualquer intervalo de tempo considerado é sempre igual à velocidade em qualquer instante.

Simbolicamente, o referido enunciado é expresso por:

$$V_m = V$$

4. Unidade de Velocidade

A unidade de velocidade é igual à relação existente entre as unidades de comprimento (espaço) pela de tempo. Portanto, pode-se escrever que:

Unidade de Velocidade = Unidade de comprimento/Unidade de tempo

No Sistema Internacional de Unidades, a unidade de espaço é o metro (m) e a unidade de tempo é o segundo (s). Logo, a unidade de velocidade é expressa por:

$$U(V) = m/s$$

Ou seja, a unidade de velocidade no Sistema Internacional de Unidades é o metro por segundo.

5. Classificação do Movimento Uniforme

O espaço percorrido por um móvel pode ser positivo ou negativo. É positivo quando ($S_2 > S_1$) e, negativo quando ($S_2 < S_1$). Evidentemente o sinal da variação de posição determina o sinal da velocidade.

Diante destas circunstâncias, o Movimento Uniforme pode ser classificado da seguinte forma:

I) Movimento Progressivo

No movimento progressivo a velocidade do móvel é positiva. Isto indica que se desloca a favor da orientação positiva da trajetória ($S_2 > S_1$).

Portanto, pode-se escrever que: $(V > 0)$

II) Movimento Retrógrado

No movimento retrógrado a velocidade do móvel é negativa. Isto indica que se desloca contra a orientação positiva da trajetória ($S_2 < S_1$).

Logo, pode-se escrever que: $(V < 0)$

6. Espaço Médio

No movimento uniforme, o espaço médio (S_m), verificado num intervalo de tempo, é calculado como sendo igual à média aritmética dos espaços nos instantes que definem o intervalo.

Simbolicamente pose-se escrever que:

$$S_m = (S_1 + S_2)/2$$

A referida relação define uma propriedade básica do movimento uniforme.

7. Função Espaço

A velocidade é definida como sendo expressa pela seguinte relação:

$$V = \Delta S/\Delta t$$

Porém, como:

a) $\Delta S = S_2 - S_1$
b) $\Delta t = t_2 - t_1$

Pode-se escrever que:

$$V = (S_2 - S_1)/(t_2 - t_1)$$

Entretanto, se ($t_1 = 0$), então a posição (S_1) é chamada por *espaço inicial*, sendo indicada por (S_0).

E sendo (t) um instante qualquer, tem-se em correspondência o espaço (S) caracterizado no instante considerado.

Portanto, a última expressão pode ser escrita da seguinte maneira:

$$V = (S - S_0)/t$$

O que resulta na seguinte função:

$$S = S_0 + V.\ t$$

Essa função relaciona a variação de espaço no decurso do tempo. Nela (S_0) e (V) são constantes e logicamente em cada valor de (t) há um correspondente valor de (S).

3. Dinâmica do Movimento Uniforme

1. Introdução

Dando prosseguimento ao estudo do Movimento Uniforme, neste capítulo serão discutidos os processos dinâmicos que caracterizam o movimento uniforme, tais como *quantidade de movimento* e *momento espacial*.

2. Quantidade de Movimento

No presente estudo ficou bem definido que no Movimento Uniforme a velocidade de um móvel é igual ao quociente da variação de espaço, inversa pela variação de tempo.

Simbolicamente, pode-se escrever que:

$$V = \Delta S/\Delta t$$

Como o espaço varia uniformemente no decorrer do tempo, isto significa que o momento espacial também varia uniformemente no passar do tempo.

Simbolicamente, pode-se escrever que:

$$\Psi_2 - \Psi_1 = m \cdot (S_2 - S_1)$$

Combinando as duas últimas expressões, chega-se à definição de uma grandeza física denominada *quantidade de movimento*.

No movimento uniforme a quantidade de movimento (Q) é igual ao quociente da variação do momento espacial ($\Delta\Psi$), inversa pela variação de tempo (Δt). Simbolicamente, o referido enunciado é expresso por:

$$Q = \Delta\Psi/\Delta t$$

Logo, a quantidade de movimento é uma grandeza física associada à dinâmica dos corpos em movimento uniforme que mede a variação do momento espacial no passar do tempo.

No movimento uniforme o móvel apresenta momentos espaciais iguais em intervalos de tempos iguais. Portanto, a quantidade de movimento médio em qualquer intervalo de tempo é constante no decorrer do tempo.

3. Unidade de Quantidade de Movimento

A unidade de quantidade de movimento pode ser definida como sendo igual à relação existente entre a unidade de momento espacial pela unidade de tempo. Ou seja:

Unidade de Quantidade de Movimento = Unidade de momento espacial/Unidade de tempo

No Sistema Internacional de Unidades, a unidade de quantidade de movimento é o quilograma x metro por segundo. Simbolicamente pode-se escrever que:

$$U(Q) = Kg . m/s$$

4. Relação entre Velocidade e Quantidade de Movimento

No presente tratado foi demonstrado que:

a) $Q = \Delta\Psi/\Delta t$
b) $V = \Delta S/\Delta t$

Substituindo convenientemente as duas últimas expressões resulta que:

$$Q/V = \Delta\Psi/\Delta S$$

5. Equação do Momento Espacial

No primeiro capítulo ficou bem definido que o momento espacial é igual ao produto existente entre a massa do corpo pela sua posição.

Simbolicamente, o referido enunciado é expresso por:

$$\Psi = m \cdot S$$

Porém, no movimento uniforme, o momento espacial varia uniformemente no decorrer do tempo, caracterizando o aparecimento de uma variação de espaço que varia no decorrer do tempo.

Seja (Ψ_1) o momento espacial do móvel caracterizado numa posição (S_1). Seja (Ψ_2) o momento espacial que caracteriza uma posição (S_2). Portanto para o movimento uniforme o momento espacial pode ser expresso da seguinte forma:

$$\Delta\Psi = m \cdot \Delta S$$

Logo, no movimento uniforme, a variação do momento espacial é igual ao produto existente entre a massa do corpo pela variação de espaço sofrida pelo móvel.

6. Primeira Função do Momento Espacial

No presente estudo foi demonstrado que:

$$\Delta\Psi = m \cdot \Delta S$$

Também ficou demonstrado que:

$$\Delta S = V \cdot t$$

Substituindo convenientemente as duas últimas expressões, vem que:

$$\Delta\Psi = m \cdot V \cdot t$$

Como $(\Delta\Psi = \Psi - \Psi_0)$, resulta que:

$$\Psi = \Psi_0 + m \cdot V \cdot t$$

A referida função estabelece o valor do momento espacial em relação ao tempo. Nela (Ψ_0), (m) e (V) são constantes e a cada valor de (t) há um correspondente valor de (Ψ).

7. Quantidade de Movimento Médio e Instantâneo

No movimento uniforme, o momento espacial varia uniformemente no decorrer do tempo. A quantidade de movimento é medida pela variação do momento espacial no tempo. Portanto no movimento uniforme a quantidade de movimento é constante no decorrer do tempo. Logo, a quantidade de movimento instantâneo é a própria quantidade de movimento médio.

Simbolicamente, o referido enunciado é expresso por:

$$Q = Q_m$$

8. Segunda Função do Momento Espacial

Quando o móvel está em movimento uniforme e se (t = 0), então se tem um momento espacial inicial (Ψ_0). Se (t) é um instante qualquer, então se tem um momento espacial (Ψ) num instante qualquer.

Logo, tem-se o seguinte:

a) $\Delta\Psi = \Psi - \Psi_0$
b) $\Delta t = t - 0 = t$

Assim, pode-se escrever que:

$$Q = (\Psi - \Psi_0)/t$$

Ou seja:

$$\Psi = \Psi_0 + Q \cdot t$$

Leandro Bertoldo
Princípios da Mecânica dos Movimentos

A referida função estabelece a variação do momento espacial no decorrer do tempo. Nela (Ψ_0) e (Q) são constantes e, portanto, a cada valor de (t), têm-se um valor correspondente de (Ψ).

9. Equação da Quantidade de Movimento

No presente capítulo foi demonstrado que:

$$Q/V = \Delta\Psi/\Delta S$$

Também foi demonstrado que:

$$m = \Delta\Psi/\Delta S$$

Igualando convenientemente as duas últimas expressões, resulta que:

$$m = Q/V$$

Ou seja:

$$Q = m \cdot V$$

Logo, conclui-se que a quantidade de movimento de um móvel em movimento uniforme é constante. Sendo igual ao produto existente entre sua massa pela velocidade que apresenta.

A referida expressão é a equação fundamental que caracteriza a dinâmica do movimento uniforme.

Leandro Bertoldo
Princípios da Mecânica dos Movimentos

10. Força Nula

O movimento uniforme está fundamentado dinamicamente no conceito de força nula. Isto significa que a força aplicada sobre o móvel deixou de atuar, ou seja, tornou-se nula.

Simbolicamente, o referido enunciado é expresso por:

$$F = 0$$

Logo, no movimento uniforme a força que atua sobre o móvel é nula. Esta é a sua característica dinâmica fundamental.

11. Movimento Espacial Médio

No movimento uniforme, o momento espacial médio (Ψ_m) de um corpo, verificado num intervalo de tempo, é calculado como sendo igual à média aritmética dos momentos espaciais nos instantes que definem o intervalo. Simbolicamente, o referido enunciado é expresso por:

$$\Psi_m = (\Psi_1 + \Psi_2)/2$$

A referida expressão define em termos dinâmicos a propriedade básica do movimento uniforme.

12. Classificação do Movimento

O momento espacial pode ser *positivo* ou *negativo*. É positivo quando ($\Psi_2 > \Psi_1$) e negativo quando ($\Psi_2 < \Psi_1$). Desse modo o movimento uniforme pode ser classificado da seguinte forma:

a) Movimento Progressivo: **(Q > 0)**

b) Movimento Retrogrado: **(Q < 0)**

Leandro Bertoldo
Princípios da Mecânica dos Movimentos

4. Movimento Uniformemente Variado

1. Introdução

No presente capítulo será considerado o estudo do Movimento Uniformemente Variado e de suas propriedades. Neste movimento a força aplicada sobre o móvel atua com uma intensidade constante no decorrer do tempo, provocando o aparecimento de uma aceleração constante.

2. Aceleração

No movimento uniformemente variado a velocidade do móvel sofre variações uniformes no decorrer do tempo. Para avaliar a variação dessa velocidade, define-se uma grandeza física denominada *aceleração*.

Portanto conclui-se que a aceleração é a grandeza associada à Cinemática que mede a variação da velocidade do ponto material no decorrer do tempo. Ela é definida como sendo igual ao quociente da variação de velocidade, inversa pela variação de tempo.

Simbolicamente, o referido enunciado é expresso por:

$$\alpha = \Delta V / \Delta t$$

3. Unidade de Aceleração

A unidade de aceleração é o quociente da unidade de velocidade por unidade de tempo. Ou seja:

Unidade de Aceleração = Unidade de Velocidade/Unidade de Tempo

---

No Sistema Internacional de Unidades, a unidade de velocidade é o metro por segundo (m/s) e a unidade de intervalo de tempo é expressa em segundos (s). Desse modo a unidade de aceleração será expressa por:

$$U(\alpha) = m/s/s$$

A referida expressão é indicada simplesmente por:

$$U(\alpha) = m/s^2$$

Que se lê: *metros por segundo ao quadrado*.

4. Movimento Uniformemente Variado

No movimento uniformemente variado, a velocidade varia uniformemente com o decorrer do tempo. Nestas condições, o móvel apresenta velocidades iguais em intervalos de tempos iguais. Em outras palavras, a variação de velocidade é sempre a mesma dentro do mesmo intervalo de tempo.

Portanto, a aceleração média (α_m) é constante com o tempo e caracteriza a própria aceleração (α) do movimento.

Simbolicamente, o referido enunciado é expresso por:

$$\alpha_m = \alpha$$

Neste movimento a força aplicada externamente ao móvel é constante no decorrer do tempo.

5. Classificação do Movimento Uniformemente Variado

A aceleração é uma grandeza algébrica, podendo ser positiva ou negativa, conforme a *velocidade* seja *positiva* ou *negativa*. O movimento pode ser acelerado ou retardado. No movimento acelerado o módulo da velocidade do móvel aumenta no decorrer do tempo. Já no chamado movimento retardado, o módulo da velocidade do móvel diminui no decorrer do tempo. Como já foi esclarecido, o sinal da aceleração está na dependência do sinal da variação de velocidade. Para isso é necessário convencionar uma orientação da trajetória. Podendo o movimento acelerado ser progressivo ou retrógrado. O mesmo ocorrendo com o movimento retardado.

Uma análise geral do movimento uniformemente variado permite estabelecer a seguinte classificação:

a) Movimento acelerado progressivo: $(V > 0)$; $(\alpha > 0)$

b) Movimento acelerado retrógrado: $(V < 0)$; $(\alpha < 0)$

c) Movimento retardado progressivo: $(V > 0)$; $(\alpha < 0)$

d) Movimento retardado retrógrado: $(V < 0)$; $(\alpha > 0)$

Dessa análise conclui-se que, para classificar o movimento devem-se comparar os sinais da velocidade e da aceleração.

Leandro Bertoldo
Princípios da Mecânica dos Movimentos

6. Velocidade Média

No movimento uniformemente variado, a velocidade média em um intervalo de tempo, é a média aritmética das velocidades nos instantes que definem o intervalo. Simbolicamente, pode-se escrever que:

$$V_m = (V_1 + V_2)/2$$

A referida expressão traduz uma propriedade básica característica do Movimento Uniformemente Variado.

7. Função Velocidade

No movimento uniformemente variado, a força aplicada sobre o móvel é constante no decorrer do tempo. Nesta condição a aceleração é definida como sendo igual ao quociente da variação de velocidade, inversa pela variação de tempo. Simbolicamente, o referido enunciado é expresso por:

$$\alpha = (V - V_0)/(t - t_0)$$

Considerando que em ($t_0 = 0$), tem-se neste instante uma velocidade inicial (V_0) e em ($t \neq 0$), tem-se uma velocidade (V) em um instante qualquer. Logo, pode-se escrever que:

$$\alpha = (V - V_0)/t$$

Que vem a resultar na seguinte função:

$$V = V_0 + \alpha \cdot t$$

A referida função expressa a variação de velocidade no decorrer do tempo. Nela as grandezas (V_0) e (α) são constantes. Portanto, a cada valor de tempo (t) tem-se um correspondente valor de velocidade (V).

8. Função Espaço

O movimento uniformemente variado é caracterizado por uma aceleração constante com o tempo. Logo apresenta uma velocidade que varia uniformemente conforme indica a seguinte função:

$$V = V_0 + \alpha \cdot t$$

Entretanto, a referida função não esclarece como o espaço varia no decorrer do tempo. Portanto para que a descrição cinemática do movimento uniformemente variado seja completa é necessário conhecer a função espaço.

$$S = f(t)$$

Demonstra-se facilmente que a referida função é do segundo grau em (t) com a seguinte forma:

$$S = S_0 + V_0 \cdot t + \alpha \cdot t^2/2$$

Observe a demonstração: Sabe-se que a velocidade média de um corpo em movimento uniformemente variado é expressa pela seguinte relação:

$$V_m = (V + V_0)/2$$

Sabendo-se que:

$$\Delta S = V_m . t$$

por: Portanto o espaço percorrido pelo móvel é caracterizado

$$\Delta S = (V + V_0) . t/2$$

Porém, também se sabe que:

$$V = V_0 + \alpha . t$$

Assim, substituindo convenientemente as duas últimas expressões, obtém-se que:

$$\Delta S = (V_0 + \alpha . t + V_0) . t/2$$

Logo vem que:

$$\Delta S = (2V_0 + \alpha . t) . t/2$$

Eliminando o termo em evidência, pode-se concluir que:

$$S - S_0 = V_0 . t + \alpha . t^2/2$$

Portanto resulta que:

$$S = S_0 + V_0 . t + \alpha . t^2/2$$

Na referida função (S_0) é o espaço inicial, (V_0) a velocidade inicial e, (α) é a aceleração constante. A cada valor de (t) obtém-se em correspondência um valor de (S).

9. Equação de Torricelli

As funções cinemáticas que caracterizam o movimento uniformemente variado são as seguintes:

a) $S = S_0 + V_0 . t + \alpha . t^2/2$
b) $V = V_0 + \alpha . t$

que:

Simplificando as referidas expressões, pode-se escrever

c) $\Delta S = \alpha . t^2/2$
d) $\Delta V = \alpha . t$

Combinando convenientemente as duas últimas expressões e eliminando a variável tempo (t), obtém-se a conhecida equação de Torricelli.

Observe a demonstração a seguir: Substituindo convenientemente as duas últimas expressões e eliminando a grandeza (t), resulta na seguinte igualdade:

$$t = \Delta V/\alpha$$

Que elevado ao quadrado, resulta em:

$$t^2 = \Delta V^2/\alpha^2$$

Substituindo convenientemente a referida expressão em (c), vem que:

$$\Delta S = \alpha \cdot \Delta V^2/2\alpha^2$$

que:

Eliminando os termos em evidência, pode-se escrever

$$\Delta S = \Delta V^2/2\alpha$$

Ou seja:

$$\Delta V^2 = 2\alpha \cdot \Delta S$$

Portanto conclui-se que:

$$V^2 = V_0^2 + 2\alpha \cdot \Delta S$$

Na referida expressão, (V_0^2) é a velocidade inicial e (α) a aceleração do móvel. São valores constantes e, portanto, a cada valor de (ΔS) tem-se um correspondente valor de velocidade (V^2).

5. Dinâmica do Movimento Uniformemente Variado

1. Introdução

O movimento uniformemente variado é caracterizado dinamicamente pela ação de uma intensidade de força constante com o decorrer do tempo. No presente capítulo será definido o conceito de força, bem como sua relação com os fenômenos que envolvem o movimento uniformemente variado.

2. Força

Quando o movimento é uniformemente variado, sua aceleração é constante com o tempo. Isto implica que a intensidade de força aplicada sobre o móvel é constante no decorrer do tempo.

No presente estudo foi demonstrado que a aceleração de um móvel em movimento uniformemente variado é igual ao quociente da variação da velocidade, inversa pela variação de tempo.

Simbolicamente, o referido enunciado é expresso por:

$$\alpha = \Delta V / \Delta t$$

Como a velocidade varia uniformemente no decurso do tempo, isto implica que a quantidade de movimento também varia de forma uniforme no decorrer do tempo.

Com este fundamento pode-se definir uma grandeza física denominada *força*.

A força (F) aplicada sobre um móvel é definida como sendo igual ao quociente da variação da quantidade de movimento (ΔQ), inversa pela variação de tempo (Δt). O referido enunciado é expresso simbolicamente por:

$$F = \Delta Q / \Delta t$$

Assim, força é uma grandeza física associada à dinâmica dos corpos que avalia a variação da quantidade de movimento de um móvel no decorrer do tempo.

No movimento uniformemente variado a força é constante no decorrer do tempo. Portanto, o móvel sofre variações de quantidade de movimentos iguais em intervalos de tempos iguais. A força média calculada em qualquer intervalo de tempo apresenta a mesma intensidade.

3. Unidade de Força

No Sistema Internacional de Unidades, a unidade de força é o Newton (N), quando a massa estiver em quilograma e a aceleração em metros por segundo ao quadrado.

Costuma-se usar um submúltiplo do *Newton* (N), denominada *dina* (d), quando a massa estiver em gramas e a aceleração em centímetros por segundo ao quadrado.

A relação entre Newton e dina é a seguinte:

$$1N = 10^5 d$$

Leandro Bertoldo
Princípios da Mecânica dos Movimentos

4. Relação Entre Força e Aceleração

No presente estudo foi demonstrada a seguinte verdade:

a) $F = \Delta Q/\Delta t$

b) $\alpha = \Delta V/\Delta t$

Substituindo convenientemente as duas últimas expressões resulta que:

$$F/\alpha = \Delta Q/\Delta V$$

5. Quantidade de Movimento Médio

No movimento uniformemente variado, a quantidade de movimento médio de um corpo, num intervalo de tempo, é a média aritmética das quantidades de movimento no intervalo considerado. Simbolicamente, o referido enunciado é expresso por:

$$Q_m = (Q + Q_0)/2$$

Evidentemente a referida expressão caracteriza uma propriedade exclusiva de um corpo em movimento uniformemente variado.

6. Equação da Quantidade de Movimento

No estudo do movimento uniforme ficou estabelecido que a quantidade de movimento é igual ao produto existente entre a massa pela velocidade do móvel. Simbolicamente o referido enunciado é expresso por:

$$Q = m \cdot V$$

Na referida expressão, a quantidade de movimento é constante no decorrer do tempo.

Já no movimento uniformemente variado, a quantidade de movimento varia uniformemente no decorrer do tempo fundamentado numa velocidade que varia de forma uniforme no decorrer do tempo.

Assim, a equação anterior pode ser escrita da seguinte forma:

$$\Delta Q = m \cdot \Delta V$$

Portanto, no movimento uniformemente variado, a variação da quantidade de movimento é igual ao produto entre a massa do móvel pela variação da velocidade.

7. Função Quantidade de Movimento (I)

No presente ficou demonstrado que a variação de velocidade de um móvel em movimento uniformemente variado é expresso pela seguinte equação:

$$V = V_0 + \alpha \cdot t$$

Entretanto como ($\Delta V = V - V_0$) pode-se escrever que:

$$\Delta V = \alpha \cdot t$$

Também foi demonstrado que a variação de quantidade de movimento do móvel animado num movimento uniformemente variado é expressa por:

$$\Delta Q = m . \Delta V$$

Substituindo convenientemente as duas últimas expressões, resulta que:

$$\Delta Q = m . \alpha . t$$

Como $(\Delta Q = Q - Q_0)$, vem que:

$$Q = Q_0 + m . \alpha . t$$

Nesta função as grandezas (Q_0) quantidade de movimento inicial, (m) massa do móvel e (α) aceleração são constantes e, portanto, a cada valor de tempo (t) corresponde um valor de quantidade de movimento (Q).

8. Função Quantidade de Movimento (II)

No decorrer do estudo do movimento uniformemente variado, verificou-se que a quantidade de movimento sofre uma variação uniforme no decorrer do tempo, com uma intensidade de força constante conforme expressa a seguinte relação:

$$F = (Q - Q_0)/(t - t_0)$$

Considerando que em $(t_0 = 0)$, tem-se uma quantidade de movimento inicial (Q_0) e em $(t \neq 0)$, tem-se uma quantidade de movimento (Q) em um instante qualquer, então se pode escrever que:

$$F = (Q - Q_0)/t$$

Que resulta na seguinte função:

$$Q = Q_0 + F \cdot t$$

A referida função expressa a natureza existente entre a variação da quantidade de movimento no decurso do tempo. Nela as grandezas (Q_0) e (F) são constantes e, portanto, a cada valor de tempo (t) corresponde a um valor de quantidade de movimento (Q).

9. Equação de Newton

No presente estudo foi demonstrada a realidade das seguintes expressões matemáticas:

a) $F/\alpha = \Delta Q/\Delta V$
b) $m = \Delta Q/\Delta V$

Substituindo convenientemente as duas últimas expressões, resulta que:

$$m = F/\alpha$$

Ou seja:

$$F = m \cdot \alpha$$

Portanto conclui-se que a força aplicada sobre um móvel é igual ao produto existente entre sua massa pela aceleração adquirida.

O resultado obtido é conhecido como sendo a segunda lei de Newton. Ela representa o princípio fundamental da Dinâmica.

Toda vez que a intensidade de força for constante, isto indica que a quantidade de movimento apresentada pelo móvel varia uniformemente no decorrer do tempo.

10. Função Momento Espacial (I)

A variação do momento espacial é definida como sendo igual ao produto existente entre a massa do móvel pela variação do espaço percorrido pelo móvel.

Simbolicamente pode-se escrever que:

$$\Delta\Psi = m \,.\, \Delta S$$

Foi apresentado no presente estudo que a função espaço pode ser expressa por:

$$\Delta S = V_0 \,.\, t + \alpha \,.\, t^2/2$$

Substituindo convenientemente as duas últimas expressões, vem que:

$$\Delta\Psi = m \,.\, (V_0 \,.\, t + \alpha \,.\, t^2/2)$$

Como $(\Delta\Psi = \Psi - \Psi_0)$, resulta que:

$$\Psi = \Psi_0 + m \,.\, (V_0 \,.\, t + \alpha \,.\, t^2/2)$$

Leandro Bertoldo
Princípios da Mecânica dos Movimentos

A referida função define o momento espacial no movimento uniformemente variado.

11. Função Momento Espacial (II)

Sabe-se que o movimento uniformemente variado é caracterizado por uma força constante com o tempo. Ele apresenta uma quantidade de movimento que varia uniformemente conforme indica a seguinte função:

$$Q = Q_0 + F \cdot t$$

A referida expressão não esclarece como o momento espacial varia com o passar do tempo. Logo, para que a descrição dinâmica do movimento uniformemente variado seja completa é necessário conhecer a chamada função momento espacial.

$$\Psi = f(t)$$

Demonstra-se facilmente que a referida função é do segundo grau em (t). Observe a dedução.

Sabe-se que a quantidade de movimento média de um corpo em movimento uniformemente variado é expressa pela seguinte relação:

$$Q_m = (Q + Q_0)/2$$

Sabe-se que o momento espacial é expresso por:

$$\Delta\Psi = Q_m \cdot t$$

Substituindo as duas últimas expressões resulta que:

$$\Delta\Psi = (Q + Q_0) \cdot t/2$$

Também se sabe que:

$$Q = Q_0 + F \cdot t$$

Assim, substituindo convenientemente as duas últimas expressões, obtém-se que:

$$\Delta\Psi = (Q_0 + F \cdot t + Q_0) \cdot t/2$$

Logo vem que:

$$\Delta\Psi = (2Q_0 + F \cdot t) \cdot t/2$$

Eliminando o termo em evidência, pode-se concluir que:

$$\Psi - \Psi_0 = Q_0 \cdot t + F \cdot t^2/2$$

Portanto resulta que:

$$\Psi = \Psi_0 + Q_0 \cdot t + F \cdot t^2/2$$

Na referida função (Ψ_0) é o momento espacial inicial, (Q_0) a quantidade de movimento inicial e, (F) é a intensidade de força constante. A cada valor de (t) obtém-se em correspondência um valor de (Ψ).

12. Equação Independente do Tempo

As funções dinâmicas que caracterizam o movimento uniformemente variado são as seguintes:

a) $\Psi = \Psi_0 + Q_0 \cdot t + F \cdot t^2/2$
b) $Q = Q_0 + F \cdot t$

Combinando convenientemente as duas últimas expressões e eliminando a grandeza tempo (t), obtém-se a seguinte equação:

$$Q^2 = Q_0^2 + 2F \cdot \Delta\Psi$$

Esse resultado é demonstrado em conformidade com os seguintes passos: Sabe-se que a quantidade de movimento de um móvel é avaliada pela seguinte equação:

$$Q = Q_0 + F \cdot t$$

Portanto, pode-se escrever que:

$$t = (Q - Q_0)/F$$

Também foi demonstrada a seguinte função horária do momento espacial:

$$\Psi = \Psi_0 + Q_0 \cdot t + F \cdot t^2/2$$

Portanto pode-se escrever que:

$$\Psi - \Psi_0 = Q_0 \cdot t + F \cdot t^2/2$$

Substituindo convenientemente as duas últimas expressões, resulta que:

$$\Delta\Psi = Q_0 \cdot (Q - Q_0)/F + F/2 \cdot [(Q - Q_0)/F]^2$$

$$\Delta\Psi = Q \; . \; (Q_0 - Q^2{}_0)/F + F/2 \; . \; [(Q^2 - 2Q) \; . \; (Q_0 + Q^2{}_0)]/F^2$$

Eliminando os termos em evidência, vem que:

$$\Delta\Psi = (Q \; . \; Q_0 - Q^2{}_0)/F + [(Q^2 - 2Q) \; . \; (Q_0 + Q^2{}_0)]/2F$$

Assim pode-se escrever:

$$\Delta\Psi = [2Q_0 \; . \; (Q - 2Q^2{}_0) + (Q^2 - 2Q) \; . \; (Q_0 + Q^2{}_0)]/2F$$

Subtraindo os termos em comum, vem que:

$$\Delta\Psi = (Q^2 - Q^2{}_0)/2F$$

Portanto pode-se escrever que:

$$Q^2 = Q^2 + 2F \; . \; \Delta\Psi$$

Na referida expressão, $(Q_0{}^2)$ e a quantidade de movimento inicial e, (F) é a força aplicada sobre o móvel numa intensidade constante. Portanto, a cada valor de $(\Delta\Psi)$ obtém-se um correspondente valor de quantidade de movimento (Q^2).

13. Classificação do Movimento

Sob o ponto de vista da dinâmica, o movimento uniformemente variado pode ser classificado da seguinte maneira:

a) Movimento acelerado progressivo: **(Q > 0)**; **(F > 0)**

b) Movimento acelerado retrógrado: **(Q < 0)**; **(F < 0)**

Leandro Bertoldo
Princípios da Mecânica dos Movimentos

c) Movimento retardado progressivo: (Q > 0); (F < 0)

d) Movimento retardado retrógrado: (Q < 0); (F > 0)

Dessa análise nota-se que, para classificar o movimento dentro das grandezas dinâmicas é necessário comparar os sinais da quantidade de movimento e da força. O sinal algébrico da quantidade de movimento acompanha o sinal da velocidade do móvel. Portanto, a força é uma grandeza algébrica podendo ser positiva ou negativa, conforme a quantidade de movimento seja positiva ou negativa.

14. Energia

Sabe-se que a energia mecânica pode ser caracterizada de duas formas:

Energia Potencial
Essa forma de energia de um corpo depende de sua posição em relação a um referencial.

Energia Cinética
Essa modalidade de energia de um móvel está relacionada com a sua velocidade em relação a um dado referencial.

15. Energia Potencial

A energia potencial é definida como sendo igual ao produto existente entre a força pela altura que possui num campo de força em relação a um nível de referência.
Simbolicamente o referido enunciado é expresso por:

$$E_p = F \cdot h$$

Tendo em vista que:

$$F = m \cdot \alpha$$

Pode-se escrever que:

$$E_p = m \cdot \alpha \cdot h$$

Tendo em vista que:

$$\Psi = m \cdot h$$

Pode-se escrever que:

$$E_p = \Psi \cdot \alpha$$

Portanto, pode-se afirmar que a energia potencial de um corpo é igual ao produto entre o momento espacial pela aceleração.

16. Energia Cinética

A energia cinética de um móvel é definida como sendo igual à metade da massa multiplicada pelo quadrado da velocidade.

Simbolicamente, o referido enunciado é expresso por:

$$E_c = m \cdot V^2/2$$

Note que a energia cinética que um móvel apresenta depende apenas da velocidade em relação ao referencial considerado.

17. Energia Mecânica

A energia mecânica de um sistema é igual à soma das suas energias cinética e potencial. Simbolicamente, o referido enunciado é expresso por:

$$E = E_c + E_p$$

6. Movimento Dinâmico Uniformemente Variado

1. Introdução

No presente capítulo são analisados os principais conceitos do movimento dinâmico uniformemente variado. Procura-se estabelecer a relação existente entre forças que variam uniformemente com os efeitos que aparecem, como por exemplo: velocidades, acelerações, etc.

2. Movimento Dinâmico Variado

No movimento dinâmico variado, a força aplicada sobre o móvel varia no decorrer do tempo, provocando uma celeridade variável. Nesse caso a celeridade média varia com o intervalo de tempo e, portanto, deve ser verificada em intervalos de tempo extremamente pequenos para que se obtenha a *celeridade instantânea*.

Entretanto, se a força aplicada sobre o móvel variar uniformemente no decorrer do tempo, então a celeridade média calculada em qualquer intervalo de tempo é sempre a mesma. Portanto, a celeridade média é a própria celeridade do movimento. Nestas condições o movimento é chamado por *movimento dinâmico uniformemente variado*.

3. Celeridade

É extremamente comum a aceleração de um móvel variar no decorrer do tempo. Por esta razão é absolutamente necessário definir o conceito de celeridade. Celeridade é a grandeza física associada ao movimento que avalia a variação da aceleração do móvel no decorrer do tempo.

Seja então, (α_1) a aceleração do móvel num instante (t_1) e, (α_2) a aceleração num instante (t_2). Desse modo a celeridade (β) é definida como sendo igual à relação entre a variação de aceleração pela variação de tempo correspondente.

Simbolicamente, o referido enunciado é expresso por:

$$\beta = (\alpha - \alpha_0)/(t - t_0)$$

que:
Como ($\Delta\alpha = \alpha - \alpha_0$) e, ($\Delta t = t - t_0$), pode-se escrever

$$\beta = \Delta\alpha/\Delta t$$

Logo, no movimento dinâmico uniformemente variado, o móvel é submetido a acelerações iguais em intervalos de tempos iguais; ou seja, a variação de aceleração apresenta sempre o mesmo valor dentro do mesmo intervalo de tempo. Nestas condições a celeridade média é constante com o decorrer do tempo e representa a própria celeridade do movimento. Simbolicamente pode-se escrever que:

$$\beta_m = \beta$$

Existe celeridade sempre que a aceleração de um móvel sofrer variação, seja aumentando ou diminuindo.

4. Unidade de Celeridade

A unidade de celeridade é definida como sendo igual à relação entre a unidade de aceleração pela unidade de tempo. Portanto pode-se escrever que:

Unidade de Celeridade = Unidade de Aceleração/Unidade de Tempo

Se a variação de aceleração estiver em metros por segundo ao quadrado (m/s^2), e a variação do tempo estiver em segundos (s); então a celeridade será medida da seguinte forma:

$$U(\beta) = m/s^2/s$$

Que é indicada por metros por segundo ao cubo.

$$U(\beta) = m/s^3$$

5. Algebricidade da Celeridade

A celeridade é uma grandeza algébrica, podendo ser positiva ou negativa, conforme a variação da aceleração seja positiva ou negativa, já que a variação de tempo é sempre positiva.

No movimento uniformemente variado, a aceleração é constante e a celeridade é nula.

6. Classificação do Movimento Dinâmico

No movimento dinâmico um móvel pode apresentar movimento propagado quando o módulo de sua aceleração aumenta no decorrer do tempo.

Quando o módulo da aceleração diminui com o decorrer do tempo, o movimento é chamado de regressivo.

O sinal da celeridade está na dependência do sinal da variação da aceleração e, evidentemente, há a necessidade de convencionar uma orientação da trajetória.

Dessa maneira, o movimento apresenta as seguintes características:

a) Movimento acelerado progressivo propagado:

$$(V > 0); (\alpha > 0); (\beta > 0)$$

b) Movimento acelerado retrógrado propagado:

$$(V < 0); (\alpha < 0); (\beta < 0)$$

c) Movimento retardado progressivo propagado:

$$(V > 0); (\alpha < 0); (\beta < 0)$$

d) Movimento retardado progressivo regressivo:

$$(V > 0); (\alpha < 0); (\beta > 0)$$

e) Movimento retardado retrógrado propagado:

$$(V < 0); (\alpha > 0); (\beta > 0)$$

f) Movimento retardado retrógrado regressivo:

$$(V < 0); (\alpha > 0); (\beta < 0)$$

Disso decorre que para analisar um movimento e classificá-lo é absolutamente necessário comparar os sinais da velocidade, aceleração e celeridade.

7. Aceleração Média

No movimento dinâmico uniformemente variado, a aceleração (α_m), num intervalo de tempo, é calculada como sendo igual à média aritmética das acelerações nos instantes que definem o intervalo. Simbolicamente, o referido enunciado é expresso por:

$$\alpha_m = (\alpha + \alpha_0)/2$$

Esta equação caracteriza uma propriedade fundamental do movimento dinâmico uniformemente variado.

8. Função Aceleração

No movimento dinâmico uniformemente variado, a aceleração varia uniformemente com o tempo. A celeridade é definida como sendo igual ao quociente da variação da aceleração pela variação de tempo. Neste movimento em particular a celeridade é constante no decorrer do tempo.

$$\beta = (\alpha - \alpha_0)/(t - t_0)$$

Considerando que em ($t_0 = 0$), tem-se uma aceleração inicial (α_0) e em ($t \neq 0$) tem-se uma aceleração (α) em um instante qualquer, então se pode escrever que:

$$\beta = (\alpha - \alpha_0)/t$$

O que resulta na seguinte função:

$$\alpha = \alpha_0 + \beta \cdot t$$

Ela expressa a variação da aceleração no decurso do tempo; onde as grandezas (α_0) e (β) são constantes e, portanto, a cada valor de tempo (t) corresponde um valor de aceleração (α).

9. Função Velocidade

Ficou demonstrado que o movimento dinâmico uniformemente variado é caracterizado por uma celeridade escalar constante com o tempo e aceleração variável conforme indica a seguinte função:

$$\alpha = \alpha_0 + \beta \cdot t$$

Entretanto a referida função não informa como a velocidade do móvel varia no decurso do tempo. Para isto é necessário estabelecer a chamada função velocidade.

$$V = f(t)$$

A função velocidade desse movimento é uma função do segundo grau em (t), conforme demonstra a seguinte expressão:

$$V = V_0 + \alpha_0 . t + \beta . t^2/2$$

Observe como a referida expressão é deduzida matematicamente.

Sabe-se que a aceleração média de um corpo nesse tipo de movimento é expressa pela seguinte relação:

$$\alpha_m = (\alpha + \alpha_0)/2$$

Sabendo-se que:

$$\Delta V = \alpha_m . t$$

Portanto a variação de velocidade apresentada pelo móvel é expressa por:

$$\Delta V = (\alpha + \alpha_0) . t/2$$

Porém, também se sabe que:

$$\alpha = \alpha_0 + \beta . t$$

Assim, substituindo convenientemente as duas últimas expressões, obtém-se que:

$$\Delta V = (\alpha_0 + \beta . t + \alpha_0) . t/2$$

Logo vem que:

$$\Delta V = (2\alpha_0 + \beta \cdot t) \cdot t/2$$

que:

Eliminando o termo em evidência, pode-se concluir

$$V - V_0 = \alpha_0 \cdot t + \beta \cdot t^2/2$$

Portanto resulta que:

$$V = V_0 + \alpha_0 \cdot t + \beta \cdot t^2/2$$

Sendo que (V_0) é a velocidade inicial, (α_0) é a aceleração inicial e, (β) é a celeridade constante no movimento dinâmico uniformemente variado.

10. Equação da Aceleração ao Quadrado

Foi demonstrado que a velocidade (V) e a aceleração (α) de um móvel, em movimento dinâmico uniformemente variado, sofrem variações no decorrer do tempo, conforme as seguintes funções indicam:

a) $V = V_0 + \alpha_0 \cdot t + \beta \cdot t^2/2$
b) $\alpha = \alpha_0 + \beta \cdot t$

que:

Simplificando as referidas expressões, pode-se escrever

c) $\Delta V = \beta \cdot t^2/2$
d) $\Delta \alpha = \beta \cdot t$

Substituindo convenientemente as duas últimas expressões e eliminando a grandeza (t), resulta na seguinte demonstração:

$$t = \Delta\alpha/\beta$$

Que elevado ao quadrado, resulta em:

$$t^2 = \Delta\alpha^2/\beta^2$$

Substituindo convenientemente a referida expressão em (c), vem que:

$$\Delta V = \beta \cdot \Delta\alpha^2/2\beta^2$$

Eliminando os termos em evidência, pode-se escrever que:

$$\Delta V = \Delta\alpha^2/2\beta$$

Ou seja:

$$\Delta\alpha^2 = 2\beta \cdot \Delta V$$

Portanto conclui-se que:

$$\alpha^2 = \alpha_0^2 + 2\beta \cdot \Delta V$$

Esta é a denominada equação da aceleração ao quadrado para o movimento dinâmico uniformemente variado.

11. Função Espaço

No movimento dinâmico uniformemente variado demonstra-se que as posições (S) assumidas por um móvel no decorrer do tempo é uma função do terceiro grau em (t), conforme a seguinte equação:

$$S = S_0 + V_0 . t + \alpha_0 . t^2/2 + \beta . t^3/6$$

Observe a demonstração algébrica: Sabe-se que a velocidade média de um corpo em movimento uniformemente variado é expressa pela seguinte relação:

$$V_m = (V + V_0)/2$$

Sabendo-se que:

$$\Delta S = V_m . t$$

Portanto o espaço percorrido pelo móvel é caracterizado por:

$$\Delta S = (V + V_0) . t/2$$

Porém, também se sabe que:

$$V = V_0 + \alpha_0 . t + \beta . t^2/2$$

Assim, substituindo convenientemente as duas últimas expressões, obtém-se que:

$$\Delta S = (V_0 + \alpha_0 . t + \beta . t^2/2 + V_0) . t/2$$

Logo vem que:

$$\Delta S = (2V_0 + \alpha_0 . t + \beta . t^2/2) . t/2$$

que:

Eliminando o termo em evidência, pode-se concluir

$$S - S_0 = V_0 . t + \alpha_0 . t^2/2 + \beta . t^3/4$$

Portanto resulta que:

$$S = S_0 + V_0 . t + \alpha_0 . t^2/2 + \beta . t^3/4$$

Ocorre que o cálculo integral exige a seguinte correção:

$$S = S_0 + V_0 . t + \alpha_0 . t^2/2 + \beta . t^3/6$$

Verifica-se que (S_0) é a posição inicial, (V_0) a velocidade inicial, (α_0) a aceleração inicial e (β) a celeridade constante desse movimento.

12. Equação da Aceleração ao Cubo

A função espaço pode ser simplificada para a seguinte relação:

$$\Delta S = \beta . t^3/6$$

Sabe-se que:

$$t^3 = \Delta \alpha^3/\beta^3$$

Substituindo convenientemente as duas últimas expressões, vem que:

$$\Delta S = \beta \cdot \Delta\alpha^3/6\beta^3$$

Eliminando os termos em evidência, resulta que:

$$\Delta S = \Delta\alpha^3/6\beta^2$$

Portanto vem que:

$$\alpha^3 = \alpha_0^3 + 6\Delta S \cdot \beta^2$$

Esta é a denominada equação da aceleração ao cubo do movimento dinâmico uniformemente variado.

Leandro Bertoldo
Princípios da Mecânica dos Movimentos

7. Dinâmica do Movimento Dinâmico Uniformemente Variado

1. Introdução

O movimento dinâmico uniformemente variado é caracterizado pela ação de uma força aplicada sobre o móvel, cuja intensidade varia uniformemente no decorrer do tempo. Neste capítulo será definida a grandeza física *fluxo de força* e sua relação com a cinemática do movimento dinâmico uniformemente variado.

2. Fluxo de Força

Quando o movimento é dinâmico uniformemente variado, com a celeridade constante, conclui-se que existe uma força sendo aplicada no móvel, e que varia uniformemente no decorrer do tempo.

Ficou claro no presente trabalho que a celeridade de um móvel é igual ao quociente da variação da aceleração inversa pela variação de tempo.

Simbolicamente, o referido enunciado é expresso por:

$$\beta = \Delta\alpha/\Delta t$$

Como a aceleração varia uniformemente no decorrer do tempo, isto indica que a força também está variando uniformemente no decorrer do tempo, pois a aceleração indica o comportamento da força. Portanto, pode-se perfeitamente definir uma grandeza física denominada por fluxo de força.

O fluxo de força é definido como sendo igual ao quociente da variação da força aplicada, inversa pela variação do tempo.

Simbolicamente, o referido enunciado é expresso por:

$$\phi = \Delta F / \Delta t$$

Portanto, o fluxo de força (ϕ) é a grandeza física associada à dinâmica dos corpos que mede a variação da força aplicada ao móvel no decorrer do tempo.

Nestas condições o móvel é submetido à ação de forças de intensidades iguais em intervalos de tempos iguais. Logo seu fluxo de força médio em qualquer intervalo de tempo apresenta o mesmo valor. Portanto, no movimento dinâmico uniformemente variado, o fluxo de força é constante no decorrer do tempo.

3. Unidade de Fluxo de Força

A unidade de fluxo de força é definida como sendo igual à relação da unidade de força pela unidade de tempo.

Então pode-se escrever que:

Unidade de fluxo de força = Unidade de força/Unidade de tempo

Leandro Bertoldo
Princípios da Mecânica dos Movimentos

No Sistema Internacional de Unidades, a força é o Newton (N) e o tempo é o segundo (s). Assim sendo a unidade do fluxo de força no Sistema Internacional de Unidades é o Newton por segundo. Simbolicamente, pode-se escrever que:

$$U(\phi) = N/s$$

4. Relação Entre Fluxo de Força e Celeridade

Foi demonstrado no presente estudo que:

a) $\phi = \Delta F/\Delta t$
b) $\beta = \Delta\alpha/\Delta t$

Substituindo convenientemente as duas últimas expressões, resulta na seguinte relação:

$$\phi/\beta = \Delta F/\Delta\alpha$$

5. Segunda Lei de Newton

Isaac Newton (1642-1727) demonstrou que a força aplicada externamente sobre um corpo é igual ao produto existente entre a sua massa pela aceleração adquirida. Simbolicamente, o referido enunciado é expresso por:

$$F = m . \alpha$$

A referida equação é perfeitamente válida para o movimento uniformemente variado. Entretanto, no movimento dinâmico uniformemente variado, a força varia no decorrer do tempo, provocando o aparecimento de uma aceleração que varia no decorrer do tempo.

Portanto, seja (F_1) a força aplicada sobre o móvel que produz uma aceleração (α_1) e (F_2) a força que produz uma aceleração (α_2). Logo a lei de Newton pode ser escrita da seguinte maneira:

$$\Delta F = m \cdot \Delta\alpha$$

Assim pode-se afirmar que a variação de força aplicada sobre um móvel em movimento dinâmico uniformemente variado é igual à massa que o mesmo apresenta multiplicada pela variação da aceleração produzida.

6. Força Média

No movimento dinâmico uniformemente variado, a intensidade de força média (F_m), num intervalo de tempo, é calculada como sendo igual à média aritmética das forças nos instantes que definem o intervalo.

Simbolicamente o referido enunciado é expresso por:

$$F_m = (F_1 + F_2)/2$$

Esta equação caracteriza uma propriedade básica do movimento dinâmico uniformemente variado.

7. Função Força (I)

No estudo do movimento dinâmico uniformemente variado foi demonstrado que a variação de aceleração de um móvel é expresso por:

Leandro Bertoldo
Princípios da Mecânica dos Movimentos

$$\Delta\alpha = \beta \cdot t$$

Também ficou demonstrado que a variação da intensidade de força de um corpo em movimento dinâmico uniformemente variado é expresso por:

$$\Delta F = m \cdot \Delta\alpha$$

Substituindo convenientemente as duas últimas expressões, resulta que:

$$\Delta F = m \cdot \beta \cdot t$$

Como ($\Delta F = F - F_0$) vem que:

$$F = F_0 + m \cdot \beta \cdot t$$

Nesta função as grandezas (F_0) intensidade de força inicial, (m) massa do móvel e (β) celeridade são constantes e, portanto, a cada valor de tempo (t), há um correspondente valor na intensidade de força (F).

8. Função Força (II)

No estudo do movimento dinâmico uniformemente variado constatou-se que a força aplicada sobre um móvel sofre uma variação uniforme no decorrer do tempo, com um fluxo de força constante conforme expressa pela seguinte relação:

$$\phi = (F - F_0)/(t - t_0)$$

Considerando que em (t_0= 0), tem-se uma intensidade de força (F_0) e em (t ≠ 0), tem-se uma intensidade de força (F) em um instante qualquer, então se pode escrever que:

$$\phi = (F - F_0)/t$$

Que resulta na seguinte função:

$$F = F_0 + \phi . t$$

A referida função expressa a natureza existente entre a variação de força no decurso do tempo. Nela as grandezas (F_0) e (ϕ) são constantes e, portanto, cada valor de tempo (t), há um correspondente valor de intensidade de força (F).

9. Equação Fundamental

No presente tratado foi demonstrada a realidade das seguintes expressões matemáticas:

a) $\phi/\beta = \Delta F/\Delta\alpha$
b) $m = \Delta F/\Delta\alpha$

Substituindo convenientemente as duas últimas expressões, resulta que:

$$m = \phi/\beta$$

Ou seja:

$$\phi = m . \beta$$

Portanto pode-se concluir que o fluxo de força de um corpo animado em movimento dinâmico uniformemente variado é igual ao produto existente entre a massa do corpo pela celeridade.

O resultado obtido representa o princípio fundamental da dinâmica do movimento dinâmico uniformemente variado. Toda vez que a celeridade for constante, isto indica que a força aplicada sobre o móvel varia uniformemente no decorrer do tempo.

10. Equações Básicas

Os princípios fundamentais obtidos do movimento dinâmico uniformemente variado até o presente momento são os seguintes:

1º- A aceleração é o parâmetro de referência que indica o comportamento das forças.

2º- No movimento dinâmico uniformemente variado a celeridade é constante. Ela é igual a razão entre a variação da aceleração pelo tempo gasto nessa variação. Isto implica que a aceleração aumenta ou diminui de quantidades iguais em tempos iguais.

Simbolicamente, pode-se escrever que:

$$\beta = \Delta\alpha/\Delta t$$

3º- No movimento dinâmico uniformemente variado o fluxo de força apresenta sempre o mesmo valor. Ele é a razão entre a variação de força aplicada pelo tempo decorrido durante o qual ocorre a variação.

Simbolicamente, pode-se escrever que:

$$\phi = \Delta F/\Delta t$$

4º- A equação fundamental do movimento dinâmico uniformemente variado afirma que o fluxo de força é igual ao produto existente entre a massa do móvel pela celeridade.

Simbolicamente pode-se escrever que:

$$\phi = m . \beta$$

11. Função Momento Espacial (I)

Ficou demonstrado no presente tratado que a variação de momento espacial é igual ao produto existente entre a massa pela variação de espaço percorrido pelo móvel.

Simbolicamente o referido enunciado é expresso por:

$$\Delta\Psi = m . \Delta S$$

Também foi demonstrado que no movimento dinâmico uniformemente variado, a variação de espaço é expressa por:

$$\Delta S = V_0 . t + \alpha_0 . t^2/2 + \beta . t^3/6$$

Substituindo convenientemente as duas últimas expressões, resulta que:

$$\Psi = \Psi_0 + m . (V_0 . t + \alpha_0 . t^2/2 + \beta . t^3/6)$$

A referida função caracteriza o momento espacial de um ponto material em movimento dinâmico uniformemente variado.

12. Função Quantidade de Movimento (I)

Sabe-se a variação da quantidade de movimento é igual ao produto entre a massa do móvel pela variação de sua velocidade. Simbolicamente o referido enunciado é expresso por:

$$\Delta Q = m \cdot \Delta V$$

Foi demonstrado que no movimento dinâmico uniformemente variado a variação de velocidade de um móvel é expressa pela seguinte equação:

$$\Delta V = \alpha_0 \cdot t + \beta \cdot t^2/2$$

Substituindo convenientemente as duas últimas expressões resulta que:

$$Q = Q_0 + m \cdot (\alpha_0 \cdot t + \beta \cdot t^2/2)$$

A referida função caracteriza a quantidade de movimento de um ponto material em movimento dinâmico uniformemente variado.

13. Função Quantidade de Movimento (II)

A dinâmica do movimento dinâmico uniformemente variado é caracterizada por um fluxo de força constante no decorrer do tempo e intensidade de força variável, conforme indica a seguinte função:

$$F = F_0 + \phi \cdot t$$

Porém a referida função não esclarece como a quantidade de movimento varia no decorrer do tempo nesse tipo de movimento. Portanto é necessário estabelecer a chamada função quantidade de movimento.

$$Q = f(t)$$

A função quantidade de movimento desse movimento é uma função do segundo grau em (t), conforme está apresentado na seguinte demonstração:

Sabe-se que a intensidade de força média de um corpo nesse tipo de movimento é expressa pela seguinte relação:

$$F_m = (F + F_0)/2$$

Sabendo-se que:

$$\Delta Q = F_m \cdot t$$

Portanto a variação de quantidade de movimento apresentada pelo móvel é expressa por:

$$\Delta Q = (F + F_0) \cdot t/2$$

Porém, também se sabe que:

$$F = F_0 + \phi \cdot t$$

Assim, substituindo convenientemente as duas últimas expressões, obtém-se que:

$$\Delta Q = (F_0 + \phi \cdot t + F_0) \cdot t/2$$

Logo vem que:

$$\Delta Q = (2F_0 + \phi . t) . t/2$$

que:

Eliminando o termo em evidência, pode-se concluir

$$Q - Q_0 = F_0 . t + \phi . t^2/2$$

Portanto resulta que:

$$Q = Q_0 + F_0 . t + \phi . t^2/2$$

Sendo que (Q_0) é a quantidade de movimento inicial, (F_0) é a intensidade de força inicial e (ϕ) é o fluxo de força constante no movimento dinâmico uniformemente variado.

14. Equação da Força ao Quadrado

No presente capítulo ficou demonstrado que a quantidade de movimento (Q) e a intensidade de força (F) de um móvel em movimento dinâmico uniformemente variado, sofrem variações no decorrer do tempo, conforme as seguintes funções indicam:

a) $Q = Q_0 + F_0 . t + \phi . t^2/2$
b) $F = F_0 + \phi . t$

Para efeitos de cálculos as expressões supramencionadas podem ser simplificadas para a seguinte forma:

c) $\Delta Q = \phi \cdot t^2/2$
d) $\Delta F = \phi \cdot t$

Nessa demonstração será eliminada a grandeza (t), conforme a demonstração que se segue:

$$t = \Delta F/\phi$$

Que elevado ao quadrado, resulta em:

$$t^2 = \Delta F^2/\phi^2$$

Substituindo convenientemente a referida expressão em (c), vem que:

$$\Delta Q = \phi \cdot \Delta F^2/2\phi^2$$

Eliminando os termos em evidência, pode-se escrever que:

$$\Delta Q = \Delta F^2/2\phi$$

Ou seja:

$$\Delta F^2 = 2\phi \cdot \Delta Q$$

Portanto conclui-se que:

$$F^2 = F_0^2 + 2\phi \cdot \Delta Q$$

Esta é a denominada equação da força ao quadrado para o movimento dinâmico uniformemente variado.

15. Função Momento Espacial (II)

No movimento dinâmico uniformemente variado demonstra-se que os momentos espaciais (Ψ) assumidos por um móvel no decorrer do tempo é uma função do terceiro grau em (t), conforme a seguinte expressão:

$$\Psi = \Psi_0 + Q_0 . t + F_0 . t^2/2 + \phi . t^3/6$$

Observe a seguinte demonstração algébrica: Foi demonstrado que:

$$Q_m = (Q + Q_0)/2$$

Sabendo-se que:

$$\Delta\Psi = Q_m . t$$

Portanto o momento especial do móvel é caracterizado por:

$$\Delta\Psi = (Q + Q_0) . t/2$$

Porém, também se sabe que:

$$Q = Q_0 + F_0 . t + \phi . t^2/2$$

Assim, substituindo convenientemente as duas últimas expressões, obtém-se que:

$$\Delta\Psi = (Q_0 + F_0 . t + \phi . t^2/2 + Q_0) . t/2$$

Logo vem que:

$$\Delta\Psi = (2Q_0 + F_0 . t + \phi . t^2/2) . t/2$$

Eliminando o termo em evidência, pode-se concluir que:

$$\Psi - \Psi_0 = Q_0 . t + F_0 . t^2/2 + \phi . t^3/4$$

Portanto resulta que:

$$\Psi = \Psi_0 + Q_0 . t + F_0 . t^2/2 + \phi . t^3/4$$

Ocorre que o cálculo integral exige a seguinte correção:

$$\Psi = \Psi_0 + Q_0 . t + F_0 . t^2/2 + \phi . t^3/6$$

Nota-se que (Ψ_0) é o momento espacial inicial, (Q_0) a quantidade de movimento inicial, (F_0) a intensidade de força inicial e (ϕ) o fluxo de força constante do movimento dinâmico uniformemente variado.

16. Equação da Força ao Cubo

A função momento espacial anterior pode ser simplificada para a seguinte relação:

$$\Delta\Psi = \phi . t^3/6$$

Sabe-se que:

$$t^3 = \Delta F^3/\phi^3$$

Substituindo convenientemente as duas últimas expressões e eliminando os termos em evidência resulta que:

$$\Delta\Psi = \Delta F^3/6\phi^2$$

Portanto, resulta que:

$$F^3 = F_0{}^3 + 6\Delta\Psi \cdot \phi^2$$

Esta é a denominada equação da força ao cubo do movimento dinâmico uniformemente variado.

17. Classificação do Movimento

Sob a óptica da dinâmica, o movimento dinâmico uniformemente variado, pode ser classificado da seguinte forma:

a) Movimento acelerado progressivo propagado:

$$(Q > 0); (F > 0); (\phi > 0)$$

b) Movimento acelerado retrógrado propagado:

$$(Q < 0); (F < 0); (\phi < 0)$$

c) Movimento retardado progressivo propagado:

$$(Q > 0); (F < 0); (\phi < 0)$$

d) Movimento retardado progressivo regressivo:

(Q > 0); (F < 0); (ϕ > 0)

e) Movimento retardado retrógrado propagado:

(Q < 0); (F > 0); (ϕ > 0)

f) Movimento retardado retrógrado regressivo:

(Q < 0); (F > 0); (ϕ < 0)

Disso conclui-se que para analisar um movimento dinâmico uniformemente variado é necessário comparar os sinais algébricos da quantidade de movimento (Q), da intensidade de força (F) e do fluxo de força (ϕ).

Isto indica que as grandezas dinâmicas são também grandezas algébricas, podendo ser negativas ou positivas.

18. Poder Mecânico

No movimento dinâmico a energia mecânica está relacionada com a grandeza física chamada *poder mecânico*. Em um campo de força característico do movimento dinâmico uniformemente variado, este poder apresenta-se sob duas formas, a saber:

a) **Poder Cinético**

Essa modalidade de poder de um corpo está relacionada com a sua velocidade em relação a um dado referencial.

b) **Poder Dinâmico**

Essa forma de poder que um corpo apresenta depende da sua aceleração em relação a um dado referencial.

19. Poder Cinético

É o poder que o corpo possui devido sua velocidade em um movimento dinâmico uniformemente variado.

O poder cinético é definido como sendo igual ao produto existente entre o fluxo de força pela velocidade do móvel.

Simbolicamente o referido enunciado é expresso por:

$$W_c = \phi \,.\, V$$

Tendo em vista que o fluxo de força é expresso por:

$$\phi = m \,.\, \beta$$

Então se pode escrever que:

$$W_c = m \,.\, \beta \,.\, V$$

Tendo em vista que a quantidade de movimento é expressa por:

$$Q = m \,.\, V$$

Também se pode escrever que:

$$W_c = Q \,.\, \beta$$

Note que o poder cinético de um corpo em movimento dinâmico uniformemente variado depende apenas da velocidade desse corpo em relação a um referencial adotado.

20. Poder Dinâmico

Toda vez que um móvel estiver em movimento dinâmico ele apresenta o chamado *poder dinâmico*. Esse poder é definido multiplicando-se a metade da massa do corpo pelo quadrado de sua aceleração.

Simbolicamente, o referido enunciado é expresso por:

$$W_d = m \cdot \alpha^2/2$$

Observa-se que o poder dinâmico de um móvel em movimento dinâmico uniformemente variado depende apenas da aceleração que esse corpo apresenta em relação a um referencial inercial.

21. Poder Mecânico

Toda vez que se referir ao poder mecânico de um sistema, considera-se que o mesmo é igual à soma dos seus poderes cinético e dinâmico.

Simbolicamente, pode-se escrever que:

$$W = W_c + W_d$$

O poder mecânico é conservado de tal forma que ocorre uma compensação entre os poderes cinético e dinâmico.

8. Movimento Dinamizado Uniformemente Variado

1. Introdução

O presente capítulo será dedicado ao estudo dos fenômenos cinemáticos que emergem quando a celeridade sofre variações uniformes no decorrer do tempo. Será definido o conceito de agilidade, bem como a sua relação com o conceito de movimento dinamizado uniformemente variado.

2. Agilidade

Evidentemente a celeridade pode sofrer variações no decorrer do tempo. Por esta razão define-se a grandeza física denominada *agilidade*.

Considere um móvel sob a ação de forças externas de tal modo que, num intervalo de tempo ($\Delta t = t - t_0$), sua celeridade (β) tenha sofrido uma variação ($\Delta\beta = \beta - \beta_0$).

Dessa maneira a agilidade (ω) é definida como sendo igual ao quociente da variação da celeridade ($\Delta\beta$), inversa pela variação de tempo (Δt) correspondente à variação da celeridade.

Simbolicamente, o referido enunciado é expresso por:

$$\omega = \Delta\beta/\Delta t$$

Como o presente capítulo considera o estudo dos fenômenos uniformes, a agilidade é constante no decorrer do tempo e caracteriza a própria agilidade do movimento. Logo o móvel apresenta celeridades iguais em intervalos de tempos iguais.

Como a grandeza tempo (Δt) é positiva, então a agilidade (ω) apresentará sempre o mesmo sinal algébrico da celeridade ($\Delta\beta$).

3. Unidade de Agilidade

A unidade de agilidade é igual à relação existente entre a unidade de celeridade pela unidade de tempo.

Portanto, se a variação de celeridade estiver na unidade de metros por segundo ao cubo (m/s^3) e a variação de tempo estiver na unidade de segundos (s), conclui-se que a agilidade será medida da seguinte forma:

Unidade de Agilidade $= m/s^3/s$

O que é indicada por metros por segundo à quarta potência.

Simbolicamente, pode-se escrever que:

$$U(\omega) = m/s^4$$

4. Movimento Dinamizado Variado

Se o movimento dinâmico variado não for uniforme, o fluxo de força varia, provocando uma celeridade variável.

Porém, se o fluxo de força aplicado sobre o móvel variar de forma uniforme no decorrer do tempo, então a celeridade varia de forma uniforme no passar do tempo. Portanto, a agilidade média calculada em qualquer intervalo de tempo será sempre a mesma. Nesta situação o movimento do móvel é conhecido por *movimento dinamizado uniformemente variado*.

Assim, a agilidade média é constante no decorrer do tempo e representa a própria agilidade do movimento.

Simbolicamente o referido enunciado é expresso por:

$$\omega_m = \omega$$

5. Classificação do Movimento Dinamizado

No movimento dinamizado o móvel pode apresentar uma celeridade que aumenta no decorrer do tempo. Nesta situação o movimento é denominado *difundido*.

Entretanto quando o módulo da celeridade diminui com o passar do tempo, o movimento é chamado *retroativo*.

Sabe-se que o sinal algébrico da agilidade está na dependência do sinal da variação da celeridade, que por sua vez depende do sinal algébrico da aceleração, que por sua vez depende do sinal algébrico da velocidade, que depende do sinal algébrico da orientação da trajetória.

Uma análise detalhada do movimento dinamizado uniformemente variado permite estabelecer a seguinte classificação:

a) Movimento acelerado progressivo propagado difundido:

$$(V > 0);\ (\alpha > 0);\ (\beta > 0);\ (\omega > 0)$$

b) Movimento acelerado progressivo propagado retroativo:

$$(V > 0); (\alpha > 0); (\beta > 0); (\omega < 0)$$

c) Movimento acelerado retrógrado propagado difundido:

$$(V < 0); (\alpha < 0); (\beta < 0); (\omega > 0)$$

d) Movimento acelerado retrógrado propagado retroativo:

$$(V < 0); (\alpha < 0); (\beta < 0); (\omega < 0)$$

e) Movimento retardado progressivo propagado difundido:

$$(V > 0); (\alpha < 0); (\beta < 0); (\omega > 0)$$

f) Movimento retardado progressivo propagado retroativo:

$$(V > 0); (\alpha < 0); (\beta < 0); (\omega < 0)$$

g) Movimento retardado progressivo regressivo difundido:

$$(V > 0); (\alpha < 0); (\beta > 0); (\omega > 0)$$

h) Movimento retardado progressivo regressivo retroativo:

(V > 0); (α < 0); (β > 0); (ω < 0)

i) Movimento retardado retrógrado propagado difundido:

(V < 0); (α > 0); (β > 0); (ω > 0)

j) Movimento retardado retrógrado propagado retroativo:

(V < 0); (α > 0); (β > 0); (ω < 0)

k) Movimento retardado retrógrado regressivo difundido:

(V < 0); (α > 0); (β < 0); (ω > 0)

l) Movimento retardado retrógrado regressivo retroativo:

(V < 0); (α > 0); (β < 0); (ω < 0)

Portanto para analisar e classificar o movimento dos corpos a nível dinamizado é fundamental comparar os sinais algébricos das grandezas cinemáticas.

6. Celeridade Média

No movimento dinamizado uniformemente variado, a celeridade média (β_m), em um intervalo de tempo, é calculada como sendo igual à média aritmética das celeridades nos instantes que definem o intervalo.

Simbolicamente, o referido enunciado é expresso por:

$$\beta_m = (\beta + \beta_0)/2$$

A referida equação a propriedade básica do movimento dinamizado uniformemente variado.

7. Função Celeridade

No movimento dinamizado uniformemente variado, a celeridade varia uniformemente com o tempo.

Nestas condições, a agilidade é definida como sendo igual ao quociente da variação da celeridade, inversa pela variação de tempo.

Simbolicamente o referido enunciado é expresso por:

$$\omega = (\beta - \beta_0)/(t - t_0)$$

Neste movimento a agilidade é constante com o passar do tempo.

Considerando que em ($t_0 = 0$), tem-se uma celeridade inicial (β_0) e em ($t \neq 0$) a celeridade (α) em um instante qualquer, então se pode escrever que:

$$\omega = (\beta - \beta_0)/t$$

O que resulta na seguinte função:

$$\beta = \beta_0 + \omega \cdot t$$

A referida função expressa a variação da celeridade no decorrer do tempo. Nela as grandezas (β_0) e (ω) são constantes e, portanto, a cada valor de tempo (t) corresponde um valor de celeridade (β).

8. Função Aceleração

O movimento dinamizado uniformemente variado é caracterizado por uma agilidade escalar constante com o decorrer do tempo e celeridade variável conforme indicada pela seguinte função:

$$\beta = \beta_0 + \omega \, . \, t$$

Porém, a referida função não esclarece como a aceleração varia no decorrer do tempo. Portanto é fundamental estabelecer a denominada função aceleração.

A função aceleração α = f (t) do movimento considerado é uma função do segundo grau em (t), conforme revela a seguinte demonstração:

Sabe-se que a celeridade média de um corpo nesse tipo de movimento é expressa pela seguinte relação:

$$\beta_m = (\beta + \beta_0)/2$$

Sabendo-se que:

$$\Delta\alpha = \beta_m \, . \, t$$

Portanto a variação da aceleração apresentada pelo móvel é expressa por:

$$\Delta\alpha = (\beta + \beta_0) \cdot t/2$$

Porém, também se sabe que:

$$\beta = \beta_0 + \omega \cdot t$$

Assim, substituindo convenientemente as duas últimas expressões, obtém-se que:

$$\Delta\alpha = (\beta_0 + \omega \cdot t + \beta_0) \cdot t/2$$

Logo vem que:

$$\Delta\alpha = (2\beta_0 + \omega \cdot t) \cdot t/2$$

Eliminando o termo em evidência, pode-se concluir que:

$$\alpha - \alpha_0 = \beta_0 \cdot t + \omega \cdot t^2/2$$

Portanto resulta que:

$$\alpha = \alpha_0 + \beta_0 \cdot t + \omega \cdot t^2/2$$

Na referida função (α_0) é a aceleração inicial, (β_0) a celeridade inicial e (ω) é a agilidade constante no decurso do movimento dinamizado uniformemente variado.

9. Equação da Celeridade ao Quadrado

No presente capítulo foi demonstrado que a aceleração (α) e a celeridade (β) variam no decorrer do tempo, conforme as indicações das seguintes funções:

a) $\alpha = \alpha_0 + \beta_0 \cdot t + \omega \cdot t^2/2$

b) $\beta = \beta_0 + \omega \cdot t$

Simplificando as referidas expressões obtém-se que:

c) $\Delta\alpha = \omega \cdot t^2/2$

d) $\Delta\beta = \omega \cdot t$

Nessa demonstração será eliminada a grandeza (t), conforme o que se segue:

$$t = \Delta\beta/\omega$$

Que elevado ao quadrado, resulta em:

$$t^2 = \Delta\beta^2/\omega^2$$

Substituindo convenientemente a referida expressão em (c), vem que:

$$\Delta\alpha = \omega \cdot \Delta\beta^2/2\omega^2$$

Eliminando os termos em evidência, pode-se escrever que:

$$\Delta\alpha = \Delta\beta^2/2\omega$$

Ou seja:

$$\Delta\beta^2 = 2\omega \cdot \Delta\alpha$$

Portanto conclui-se que:

$$\beta^2 = \beta_0^2 + 2\omega . \Delta\alpha$$

Esta é a equação da celeridade ao quadrado para o movimento dinamizado uniformemente variado.

10. Função Velocidade

No movimento dinamizado uniformemente variado, demonstra-se que as velocidades (V) assumidas por um móvel no decorrer do tempo é uma função do terceiro grau em (t), conforme indicada na seguinte expressão matemática.

$$V = V_0 + \alpha_0 . t + \beta_0 . t^2/2 + \omega . t^3/6$$

Para simplificar, observe a seguinte demonstração algébrica: Nesta obra foi apresentada a seguinte verdade:

$$\alpha_m = (\alpha + \alpha_0)/2$$

Sabendo-se que:

$$\Delta V = \alpha_m . t$$

Portanto a variação de velocidade apresentada pelo móvel é caracterizada por:

$$\Delta V = (\alpha + \alpha_0) . t/2$$

Porém, também se sabe que:

$$\alpha = \alpha_0 + \beta_0 . t + \omega . t^2/2$$

Assim, substituindo convenientemente as duas últimas expressões, obtém-se que:

$$\Delta V = (\alpha_0 + \beta_0 . t + \omega . t^2/2 + \alpha_0) . t/2$$

Logo vem que:

$$\Delta V = (2\alpha_0 + \beta_0 . t + \omega . t^2/2) . t/2$$

que:

Eliminando o termo em evidência, pode-se concluir

$$V - V_0 = \alpha_0 . t + \beta_0 . t^2/2 + \omega . t^3/4$$

Portanto resulta que:

$$V = V_0 + \alpha_0 . t + \beta_0 . t^2/2 + \omega . t^3/4$$

Ocorre que o cálculo integral exige a seguinte correção:

$$V = V_0 + \alpha_0 . t + \beta_0 . t^2/2 + \omega . t^3/6$$

Observa-se que (V_0) é a velocidade inicial, (α_0) é a aceleração inicial, (β_0) é a celeridade inicial e (ω) é a agilidade constante, uma característica desse movimento.

11. Equação da Celeridade ao Cubo

A função velocidade pode ser simplificada para a seguinte relação:

$$\Delta V = \omega \cdot t^3/6$$

Sabe-se que:

$$t^3 = \Delta\beta^3/\omega^3$$

Substituindo convenientemente as duas últimas expressões e eliminando os termos em evidência, resulta que:

$$\Delta V = \Delta\beta^3/6\omega^2$$

Portanto, vem que:

$$\beta^3 = \beta_0^3 + 6\Delta V \cdot \omega^2$$

Esta é a demonstração da denominada equação da celeridade ao cubo, característica do movimento dinamizado uniformemente variado.

12. Função Espaço

No estudo do movimento dinamizado uniformemente variado demonstra-se que as posições (S) do móvel no decorrer do tempo é uma função do quarto grau em (t), conforme demonstra a seguinte equação:

$$S = S_0 + V_0 \cdot t + \alpha_0 \cdot t^2/2 + \beta_0 \cdot t^3/6 + \omega \cdot t^4/24$$

Para facilitar o cálculo considere a seguinte demonstração algébrica: Sabe-se que:

$$V_m = (V + V_0)/2$$

Sabendo-se que:

$$\Delta S = V_m \cdot t$$

Pode-se afirmar que o espaço percorrido pelo móvel é caracterizado por:

$$\Delta S = (V + V_0) \cdot t/2$$

Porém, também se sabe que:

$$V = V_0 + \alpha_0 \cdot t + \beta_0 \cdot t^2/2 + \omega \cdot t^3/6$$

Assim, substituindo convenientemente as duas últimas expressões, obtém-se que:

$$\Delta S = (V_0 + \alpha_0 \cdot t + \beta_0 \cdot t^2/2 + \omega \cdot t^3/6 + V_0) \cdot t/2$$

Logo vem que:

$$\Delta S = (2V_0 + \alpha_0 \cdot t + \beta_0 \cdot t^2/2 + \omega \cdot t^3/6) \cdot t/2$$

que:
Eliminando o termo em evidência, pode-se concluir

$$S - S_0 = V_0 \cdot t + \alpha_0 \cdot t^2/2 + \beta_0 \cdot t^3/4 + \omega \cdot t^4/12$$

Portanto resulta que:

$$S = S_0 + V_0 \cdot t + \alpha_0 \cdot t^2/2 + \beta_0 \cdot t^3/4 + \omega \cdot t^4/12$$

Ocorre que o cálculo integral exige a seguinte correção:

$$S = S_0 + V_0 . t + \alpha_0 . t^2/2 + \beta_0 . t^3/6 + \omega . t^4/24$$

Verifica-se na referida função que (S_0) é a posição inicial, (V_0) a velocidade inicial, (α_0) a aceleração inicial, (β_0) a celeridade inicial e (ω) é a agilidade constante no movimento dinamizado uniformemente variado.

13. Equação da Celeridade à Quarta Potência

A função espaço pode ser simplificada para a seguinte relação:

$$\Delta S = \omega_0 . t^4/24$$

Sabe-se que:

$$t^4 = \Delta \beta^4/\omega^4$$

Substituindo convenientemente as duas últimas expressões e eliminando os termos em evidência, resulta que:

$$\Delta S = \Delta \beta^4/24\omega^3$$

Logo, pode-se escrever que:

$$\beta^4 = \beta_0^4 + 24\Delta S . \omega^3$$

Esta é a chamada equação da celeridade à quarta potência do movimento dinamizado uniformemente variado.

9. Dinâmica do Movimento Dinamizado Uniformemente Variado

1. Introdução

O movimento dinamizado uniformemente variado apresenta como característica fundamental um fluxo de força que varia uniformemente no decorrer do tempo.

O presente capítulo procura mostrar a relação entre as grandezas dinâmicas com as grandezas cinemáticas dentro do conceito de movimento dinamizado.

2. Forcejo

Quando o movimento é dinamizado uniformemente variado, com agilidade constante, conclui-se que o fluxo de força aplicado sobre o móvel varia uniformemente no decorrer do tempo.

O presente trabalho foi bastante objetivo ao demonstrar que a agilidade de um móvel é igual ao quociente da variação da celeridade, inversa pela variação de tempo.

Simbolicamente, o referido enunciado é expresso por:

$$\omega = \Delta\beta/\Delta t$$

Como a celeridade (β) varia uniformemente no decorrer do tempo, isto indica que o fluxo de força também varia uniformemente no decorrer do tempo.

Portanto, pode-se definir uma grandeza física chamada *forcejo*, que avalia a variação do fluxo de força no decorrer do tempo.

O forcejo (φ) é definido como sendo igual ao quociente da variação do fluxo de força (Δφ), inversa pela variação de tempo (Δt).

Simbolicamente, o referido enunciado é expresso pela seguinte relação:

$$\varphi = \Delta\phi/\Delta t$$

Assim, no movimento dinamizado uniformemente variado, o forcejo (φ) é constante no decorrer do tempo. Desta maneira o móvel é submetido à ação de fluxos de forças iguais em intervalos de tempos iguais. Logo, o forcejo médio em qualquer intervalo de tempo apresenta o mesmo valor.

3. Unidade de Forcejo

A unidade de forcejo é definida como sendo igual à relação existente entre a unidade de fluxo de força pela unidade de tempo.

Portanto, pode-se escrever que:

Unidade de forcejo = Unidade de fluxo de força/Unidade de tempo

No Sistema Internacional de Unidades, a Unidade de fluxo de força é o Newton por segundo.

Logo, a unidade de forcejo é igual ao Newton por segundo por segundo. Ou melhor, é igual ao Newton por segundo ao quadrado.

Assim, pode-se escrever que:

$$U(\varphi) = N/s/s$$

Ou seja:

$$U(\varphi) = N/s^2$$

4. Movimento Dinamizado Uniformemente Variado

O forcejo médio calculado em qualquer intervalo de tempo será sempre o mesmo. Nestas condições o movimento do móvel é denominado *Movimento Dinamizado Uniformemente Variado*.

Portanto, o forcejo médio é constante no decorrer do tempo e representa o próprio forcejo do movimento.

Simbolicamente, o referido enunciado é expresso por:

$$\varphi_m = \varphi$$

5. Relação Entre Forcejo e Agilidade

No presente tratado foi demonstrada a realidade das seguintes relações matemáticas.

a) $\varphi = \Delta\phi/\Delta t$
b) $\omega = \Delta\beta/\Delta t$

Substituindo convenientemente as duas últimas expressões, obtém-se que:

$$\omega . \Delta\phi = \varphi . \Delta\beta$$

6. Equação do Fluxo de Força

No estudo do movimento dinâmico uniformemente variado, foi demonstrado que a dinâmica do fluxo de força de um móvel é igual ao produto existente entre a massa pela celeridade.

Simbolicamente, o referido enunciado é expresso por:

$$\phi = m . \beta$$

Ocorre que no movimento dinamizado uniformemente variado, o fluxo de força varia uniformemente no decorrer do tempo, caracterizado pelo aparecimento de uma celeridade que varia uniformemente no decorrer do tempo.

Seja (ϕ_1) o fluxo de força aplicada no móvel que produz uma celeridade (β_1) e seja (ϕ_2) o fluxo de força que produz uma celeridade (β_2). Portanto, para o movimento dinamizado uniformemente variado, a equação anterior dever ser escrita da seguinte maneira:

$$\Delta\phi = m . \Delta\beta$$

Logo, pode-se afirmar que no movimento dinamizado uniformemente variado, a variação do fluxo de força aplicada sobre um móvel é igual à massa desse móvel em produto com a variação da celeridade produzida.

7. Fluxo de Força Médio

No movimento dinamizado uniformemente variado, o fluxo de força médio (ϕ_m), num intervalo de tempo, é calculado como sendo igual à média aritmética dos fluxos de força nos instantes que definem o intervalo.

Simbolicamente o referido enunciado é expresso por:

$$\phi_m = (\phi + \phi_0)/2$$

Esta equação caracteriza uma propriedade básica do movimento dinamizado uniformemente variado.

8. Função Fluxo de Força (I)

No presente tratado, foi demonstrado que a celeridade de um móvel em movimento dinamizado uniformemente variado pode ser expressa por:

$$\Delta\beta = \omega \cdot t$$

Também foi demonstrado que a variação do fluxo de força de um móvel é expressa por:

$$\Delta\phi = m \cdot \Delta\beta$$

Substituindo convenientemente as duas últimas expressões, resulta que:

$$\Delta\phi = m \cdot \omega \cdot t$$

Como ($\Delta\phi = \phi - \phi_0$), pode-se escrever que:

$$\phi = \phi_0 + m \cdot \omega \cdot t$$

Na referida função as grandezas (ϕ_0) fluxo de força inicial, (m) massa do móvel e (ω) agilidade, são valores constante, e, portanto, no movimento dinamizado uniformemente variado, a cada valor de tempo (t), há um correspondente valor de fluxo de força (ϕ).

9. Função Fluxo de Força (II)

No estudo do movimento dinamizado uniformemente variado, verificou-se que o fluxo de força de um móvel varia uniformemente no decorrer do tempo.

Neste tipo de movimento o forcejo é definido pela seguinte relação:

$$\varphi = (\phi - \phi_0)/(t - t_0)$$

Considerando que em ($t_0 = 0$), tem-se um fluxo de força inicial (ϕ_0) e em ($t \neq 0$) o fluxo de força (ϕ) num instante qualquer, então pode-se escrever que:

$$\varphi = (\phi - \phi_0)/t$$

A referida conclusão permite estabelecer a seguinte função:

$$\phi = \phi_0 + \varphi \cdot t$$

Esta função caracteriza a natureza existente entre a variação do fluxo de força no decurso do tempo. Nela as grandezas (ϕ_0) e (φ) são constantes e, portanto, a cada valor de tempo (t) há um correspondente valor de fluxo de força (ϕ).

10. Equação Fundamental

No presente tratado ficou demonstrada a seguinte igualdade:

a) $\varphi/\omega = \Delta\phi/\Delta\beta$
b) $m = \Delta\phi/\Delta\beta$

Substituindo convenientemente as duas últimas expressões resulta que:

$$m = \varphi/\omega$$

Ou seja:

$$\varphi = m \cdot \omega$$

Portanto conclui-se que o forcejo é igual ao produto existente entre a massa do móvel pela agilidade que o mesmo apresenta.

Toda vez que a agilidade for constante, isto indica que o fluxo de força aplicado sobre o móvel varia uniformemente no decorrer do tempo.

A expressão anterior representa a equação fundamental da dinâmica do movimento dinamizado uniformemente variado.

11. Função Momento Espacial (I)

No movimento dinamizado uniformemente variado, o momento espacial varia de acordo com a variação de espaço. Portanto pode-se escrever que:

$$\Delta\Psi = m . \Delta S$$

Ocorre que no movimento considerado, o móvel percorre um espaço caracterizado pela seguinte função:

$$\Delta S = V_0 . t + \alpha_0 . t^2/2 + \beta_0 . t^3/6 + \omega . t^4/24$$

Substituindo convenientemente as duas últimas expressões, resulta que:

$$\Psi = \Psi_0 + m . (V_0 . t + \alpha_0 . t^2/2 + \beta_0 . t^3/6 + \omega . t^4/24)$$

A referida função caracteriza o momento espacial de um móvel em movimento dinamizado uniformemente variado.

12. Função Quantidade de Movimento (I)

No presente tratado foi demonstrada a realidade das seguintes expressões:

a) $\Delta Q = m . \Delta V$
b) $\Delta V = \alpha_0 . t + \beta_0 . t^2/2 + \omega . t^3/6$

Substituindo convenientemente as duas últimas expressões, resulta que:

$$Q = Q_0 + m \cdot (\alpha_0 \cdot t + \beta_0 \cdot t^2/2 + \omega \cdot t^3/6)$$

A referida expressão caracteriza a quantidade de movimento de um móvel em movimento dinamizado uniformemente variado.

13. Função Força (I)

No presente estudo foi demonstrada a realidade das seguintes expressões:

a) $\Delta F = m \cdot \Delta\alpha$
b) $\Delta\alpha = \beta_0 \cdot t + \omega \cdot t^2/2$

Substituindo convenientemente as duas últimas expressões, resulta que:

$$F = F_0 + m \cdot (\beta_0 \cdot t + \omega \cdot t^2/2)$$

Portanto, no movimento dinamizado uniformemente variado, demonstra-se que a força aplicada sobre um móvel no decorrer do tempo é uma função do segundo grau em (t).

Observa-se que (F_0) é a força inicial, (m) a massa do móvel, (β_0) a celeridade inicial e (ω) a agilidade. Essas grandezas apresentam valores constantes nesse tipo de movimento.

14. Função Força (II)

No movimento dinamizado uniformemente variado, a intensidade de força aplicada sobre um móvel no decorrer do tempo é uma função do segundo grau em (t), conforme apresentada pela seguinte expressão:

$$F = F_0 + \phi_0 \cdot t + \phi \cdot t^2/2$$

Observe a seguinte demonstração: Sabe-se que o fluxo de força médio de um corpo nesse tipo de movimento é expressa pela seguinte relação:

$$\phi_m = (\phi + \phi_0)/2$$

Sabendo-se que:

$$\Delta F = \phi_m \cdot t$$

Portanto a variação de força apresentada pelo móvel é expressa por:

$$\Delta F = (\phi + \phi_0) \cdot t/2$$

Porém, também se sabe que:

$$\phi = \phi_0 + \phi \cdot t$$

Assim, substituindo convenientemente as duas últimas expressões, obtém-se que:

$$\Delta F = (\phi_0 + \phi \cdot t + \phi_0) \cdot t/2$$

Logo vem que:

$$\Delta F = (2\phi_0 + \phi \cdot t) \cdot t/2$$

Leandro Bertoldo
Princípios da Mecânica dos Movimentos

que:

Eliminando o termo em evidência, pode-se concluir

$$F - F_0 = \phi_0 . t + \varphi . t^2/2$$

Portanto resulta que:

$$F = F_0 + \phi_0 . t + \varphi . t^2/2$$

Nota-se que (F_0) é a força inicial, (ϕ_0) é o fluxo de força inicial e (φ) é o forcejo. No decorrer desse tipo de movimento, apresentam valores constantes.

15. Equação do Fluxo de Força ao Quadrado

Foi demonstrado no presente trabalho que a intensidade de força (F) e o fluxo de força de um móvel impelido em movimento dinamizado uniformemente variado, sofrem variações no decorrer do tempo, conforme demonstram as seguintes funções:

a) $F = F_0 + \phi_0 . t + \varphi . t^2/2$
b) $\phi = \phi_0 + \varphi . t$

Simplificando as referidas expressões obtém-se que:

c) $\Delta F = \varphi . t^2/2$
d) $\Delta \phi = \varphi . t$

Nessa demonstração será eliminada a grandeza (t), conforme os passos que se seguem:

$$t = \Delta\phi/\phi$$

Que elevado ao quadrado, resulta em:

$$t^2 = \Delta\phi^2/\phi^2$$

Substituindo convenientemente a referida expressão em (c), vem que:

$$\Delta F = \phi \cdot \Delta\phi^2/2\phi^2$$

Eliminando os termos em evidência, pode-se escrever que:

$$\Delta F = \Delta\phi^2/2\phi$$

Ou seja:

$$\Delta\phi^2 = 2\phi \cdot \Delta F$$

Portanto conclui-se que:

$$\phi^2 = \phi_0^2 + 2\phi \cdot \Delta F$$

Esta é a equação do fluxo de força ao quadrado que caracteriza o movimento dinamizado uniformemente variado.

16. Função Quantidade de Movimento (II)

Demonstra-se com relativa facilidade que a função quantidade de movimento de um corpo animado por um movimento dinamizado uniformemente variado é uma função do terceiro grau em (t), conforme caracterizado pela seguinte expressão:

$$Q = Q_0 + F_0 \cdot t + \phi_0 \cdot t^2/2 + \varphi \cdot t^3/6$$

Para simplificar a demonstração, observe a seguinte prova algébrica: Nesta obra foi apresentada a seguinte verdade:

$$F_m = (F + F_0)/2$$

Sabendo-se que:

$$\Delta Q = F_m \cdot t$$

Portanto a quantidade de movimento apresentada pelo móvel é caracterizada por:

$$\Delta Q = (F + F_0) \cdot t/2$$

Porém, também se sabe que:

$$F = F_0 + \phi_0 \cdot t + \varphi \cdot t^2/2$$

Assim, substituindo convenientemente as duas últimas expressões, obtém-se que:

$$\Delta Q = (F_0 + \phi_0 \cdot t + \varphi \cdot t^2/2 + F_0) \cdot t/2$$

Logo vem que:

$$\Delta Q = (2F_0 + \phi_0 \cdot t + \varphi \cdot t^2/2) \cdot t/2$$

Leandro Bertoldo
Princípios da Mecânica dos Movimentos

Eliminando o termo em evidência, pode-se concluir que:

$$Q - Q_0 = F_0 \cdot t + \phi_0 \cdot t^2/2 + \varphi \cdot t^3/4$$

Portanto resulta que:

$$Q = Q_0 + F_0 \cdot t + \phi_0 \cdot t^2/2 + \varphi \cdot t^3/4$$

Ocorre que o cálculo integral exige a seguinte correção:

$$Q = Q_0 + F_0 \cdot t + \phi_0 \cdot t^2/2 + \varphi \cdot t^3/6$$

Nessa expressão, as grandezas (Q_0), (F_0), (ϕ_0) e (φ), são constantes no decurso do movimento.

17. Equação do Fluxo de Força ao Cubo

No presente capítulo foi demonstrada a realidade das seguintes funções:

a) $Q = Q_0 + F_0 \cdot t + \phi_0 \cdot t^2/2 + \varphi \cdot t^3/6$
b) $\phi = \phi_0 + \varphi \cdot t$

Substituindo convenientemente as duas últimas expressões e eliminando a variável (t), obtém-se a seguinte equação:

$$\phi^3 = \phi_0^3 + 6\Delta Q \cdot \varphi^2$$

Esta é a denominada equação do fluxo de força ao cubo que caracteriza o movimento dinamizado uniformemente variado.

18. Função Momento Espacial (II)

No movimento dinamizado uniformemente variado demonstra-se que o momento espacial (Ψ) assumido por um móvel no decorrer do seu movimento é uma função do quarto grau em (t), conforme a seguinte expressão:

$$\Psi = \Psi_0 + Q_0 . t + F_0 . t^2/2 + \phi_0 . t^3/6 + \varphi . t^4/24$$

Para facilitar o cálculo dessa expressão considere a seguinte demonstração algébrica: Sabe-se que:

$$Q_m = (Q + Q_0)/2$$

Sabendo-se que:

$$\Delta\Psi = Q_m . t$$

Pode-se afirmar que o momento espacial corresponde à seguinte expressão:

$$\Delta\Psi = (Q + Q_0) . t/2$$

Porém, também se sabe que:

$$Q = Q_0 + F_0 . t + \phi_0 . t^2/2 + \varphi . t^3/6$$

Assim, substituindo convenientemente as duas últimas expressões, obtém-se que:

$$\Delta\Psi = (Q_0 + F_0 . t + \phi_0 . t^2/2 + \varphi . t^3/6 + V_0) . t/2$$

Logo vem que:

$$\Delta\Psi = (2Q_0 + F_0 . t + \phi_0 . t^2/2 + \varphi . t^3/6) . t/2$$

Eliminando o termo em evidência, pode-se concluir que:

$$\Psi - \Psi_0 = Q_0 . t + F_0 . t^2/2 + \phi_0 . t^3/4 + \varphi . t^4/12$$

Portanto resulta que:

$$\Psi = \Psi_0 + Q_0 . t + F_0 . t^2/2 + \phi_0 . t^3/4 + \varphi . t^4/12$$

Ocorre que o cálculo integral exige a seguinte correção:

$$\Psi = \Psi_0 + Q_0 . t + F_0 . t^2/2 + \phi_0 . t^3/6 + \varphi . t^4/24$$

Na referida expressão (Ψ_0) representa o momento espacial inicial (Q_0) é a quantidade de movimento inicial, (F_0) é a intensidade de força inicial, (Q_0) é o fluxo de força inicial e (φ) é o forcejo constante, característica desse movimento.

19. Equação do Fluxo de Força à Quarta Potência

Foi demonstrada no presente capítulo a realidade das seguintes funções:

Leandro Bertoldo
Princípios da Mecânica dos Movimentos

a) $\Psi = \Psi_0 + Q_0 . t + F_0 . t^2/2 + \phi_0 . t^3/6 + \varphi . t^4/24$
b) $\phi = \phi_0 + \varphi . t$

Substituindo convenientemente as duas últimas expressões e eliminando a variável (t), obtém-se a seguinte equação:

$$\phi^4 = \phi_0^4 + 24\Delta\Psi . \varphi^3$$

Esta é a denominada equação do fluxo de força à quarta potência que caracteriza o movimento dinamizado uniformemente variado.

20. Classificação do Movimento

Dentro da visão dos conceitos dinâmicos, o movimento dinamizado uniformemente variado pode ser classificado da seguinte forma:

a) Movimento acelerado progressivo propagado difundido:

$$(Q > 0); (F > 0); (\phi > 0); (\varphi > 0)$$

b) Movimento acelerado progressivo propagado retroativo:

$$(Q > 0); (F > 0); (\phi > 0); (\varphi < 0)$$

c) Movimento acelerado retrógrado propagado difundido:

$$(Q < 0); (F < 0); (\phi < 0); (\phi > 0)$$

d) Movimento acelerado retrógrado propagado retroativo:

$$(Q < 0); (F < 0); (\phi < 0); (\phi < 0)$$

e) Movimento retardado progressivo propagado difundido:

$$(Q > 0); (F < 0); (\phi < 0); (\phi > 0)$$

f) Movimento retardado progressivo propagado retroativo:

$$(Q > 0); (F < 0); (\phi < 0); (\phi < 0)$$

g) Movimento retardado progressivo regressivo difundido:

$$(Q > 0); (F < 0); (\phi > 0); (\phi > 0)$$

h) Movimento retardado progressivo regressivo retroativo:

$$(Q > 0); (F < 0); (\phi > 0); (\phi < 0)$$

i) Movimento retardado retrógrado propagado difundido:

$$(Q < 0); (F > 0); (\phi > 0); (\phi > 0)$$

Leandro Bertoldo
Princípios da Mecânica dos Movimentos

j) Movimento retardado retrógrado propagado retroativo:

$$(Q < 0); (F > 0); (\phi > 0); (\varphi < 0)$$

k) Movimento retardado retrógrado regressivo difundido:

$$(Q < 0); (F > 0); (\phi < 0); (\varphi > 0)$$

l) Movimento retardado retrógrado regressivo retroativo:

$$(Q < 0); (F > 0); (\phi < 0); (\varphi < 0)$$

Torna-se evidente que para classificar o movimento dinamizado uniformemente variado é necessário comparar os sinais algébricos da quantidade de movimento, da intensidade de força, do fluxo de força e do forcejo.

21. Tensão

No presente estudo do movimento dinamizado uniformemente variado, verifica-se que a tensão mecânica pode se manifestar de duas formas:
Tensão dinâmica
Essa modalidade de tensão de um corpo em movimento dinamizado uniformemente variado está relacionada com a sua aceleração em relação a um dado referencial inercial.
Tensão dinamizada
Essa forma de tensão que um móvel apresenta depende da sua celeridade em relação a um referencial inercial.

22. Tensão Dinâmica

A tensão dinâmica é definida como sendo igual ao produto existente entre o forcejo pela aceleração do móvel num campo dinamizado uniformemente variado.

Simbolicamente, o referido enunciado é expresso por:

$$T_d = \varphi . \alpha$$

Tendo em vista que:

$$\varphi = m . \omega$$

Então se pode escrever que:

$$T_d = m . \omega . \alpha$$

Tendo em vista que:

$$F = m . \alpha$$

Pode-se escrever que:

$$T_d = F . \omega$$

Então se torna claro que a tensão no movimento dinamizado uniformemente variado depende apenas da aceleração que o móvel vai assumindo no decorrer de seu movimento.

Leandro Bertoldo
Princípios da Mecânica dos Movimentos

23. Tensão Dinamizada

A tensão dinamizada é definida como sendo igual à metade da massa do móvel multiplicada pelo quadrado da celeridade.

Simbolicamente, o referido enunciado é expresso por:

$$T_D = m \cdot \beta^2/2$$

Note que a tensão dinamizada depende apenas da celeridade de um móvel em movimento dinamizado uniformemente variado.

24. Tensão Mecânica

A tensão mecânica de um sistema num campo de força que provoca movimento dinamizado uniformemente variado é igual à soma das suas tensões dinâmica e dinamizada.

Simbolicamente, o referido enunciado é expresso por:

$$T = T_d + T_D$$

10. Resumo Geral

1. Introdução

No presente capítulo será apresentada resumidamente uma generalização de todos os movimentos estudados em função do conceito de forças aplicadas sobre o móvel. Também será apresentado um resumo contendo as equações que foram deduzidas no decorrer do presente trabalho.

2. Leis do Movimento

Na Mecânica os mais diversos tipos de movimentos podem ser classificados e explicados exclusivamente em função do comportamento das forças.

1º. Repouso (R)
Se a partir do repouso, um corpo não sofre a ação de forças externas, ele permanecerá em repouso. Nesse caso a força é vazia.

Simbolicamente, o referido enunciado é expresso por:

$$R \rightarrow F = f\,(\ )$$

Portanto no repouso a força é uma função vazia.

2º. Movimento Uniforme (MU)
O movimento uniforme é caracterizado pela ausência de forças aplicadas sobre o móvel no momento em que está sendo observado.

Simbolicamente, o referido enunciado é expresso por:

$$MU \rightarrow F = f(0)$$

nula. Portanto, no movimento uniforme a força é uma função

Desse modo, quando um corpo apresenta variação de posição crescente em um sentido ao longo de uma reta, com velocidade constante, conclui-se que não sofre a ação de forças externas atuando sobre o mesmo.

3°. Movimento Uniformemente Variado (MUV)
O movimente uniformemente variado é caracterizado pela ação de uma força de intensidade constante aplicada sobre o móvel.
Simbolicamente, o referido enunciado é expresso por:

$$MUV \rightarrow F = f(cte)$$

Logo, no movimento uniformemente variado, a força é uma função constante. Portanto, se o móvel apresenta variação de velocidade, com aceleração constante, conclui-se que o mesmo está sob a ação de uma força externa de intensidade constante.

4°. Movimento Dinâmico Uniformemente Variado (MdUV)
O movimento dinâmico uniformemente variado é caracterizado pela ação de uma força cuja intensidade varia uniformemente no decorrer do tempo.
Simbolicamente, o referido enunciado é expresso por:

$$MdUV \rightarrow F = f(t)$$

Assim, no movimento dinâmico uniformemente variado, a força aplicada sobre o móvel apresenta uma intensidade que varia em função do tempo. Nestas condições se o móvel apresenta variação de aceleração, com uma celeridade constante, então se conclui que o móvel está submetido à ação de uma força externa que varia uniformemente no tempo.

5º. Movimento Dinamizado Uniformemente Variado (MDUV)

O movimento dinamizado uniformemente variado é caracterizado pela ação de uma força cuja intensidade varia uniformemente com o quadrado do tempo.
Simbolicamente, o referido enunciado é expresso por:

$$MDUV \rightarrow F = f(t^2)$$

Neste caso, o movimento dinamizado uniformemente variado apresenta uma intensidade de força que varia com o quadrado do tempo.

Dentro destes parâmetros, o móvel apresenta variação de celeridade, com uma agilidade constante. Toda vez que isto ocorre, conclui-se que o móvel está sob a ação de forças externas cuja intensidade varia uniformemente com o quadrado do tempo.

3. Equações Fundamentais

Neste item será apresentando as equações fundamentais que caracterizam os mais diferentes movimentos mecânicos estudados no presente tratado.

1ª. Repouso (R)

$F = (\ )$
$V = 0$
$Q = 0$
$\Psi = cte$
$\Psi = m \cdot S$

2ª. Movimento Uniforme (MU)

$F = 0$
$V = \Delta S/\Delta t$
$Q = \Delta\Psi/\Delta t$
$\Delta\Psi = m \cdot \Delta S$
$Q = m \cdot V$

3ª. Movimento Uniformemente Variado (MUV)

$F = cte \neq 0$
$\alpha = \Delta V/\Delta t$
$F = \Delta Q/\Delta t$
$\Delta Q = m \cdot \Delta V$
$F = m \cdot \alpha$

4ª. Movimento Dinâmico Uniformemente Variado (MdUV)

$F = variável\ em\ (t)$
$\beta = \Delta\alpha/\Delta t$
$\phi = \Delta F/\Delta t$
$\Delta F = m \cdot \Delta\alpha$
$\phi = m \cdot \beta$

5ª. Movimento Dinamizado Uniformemente Variado (MDUV)

F = variável em (t^2)
$\omega = \Delta\beta/\Delta t$
$\varphi = \Delta\phi/\Delta t$
$\Delta\phi = m \cdot \Delta\beta$
$\varphi = m \cdot \omega$

4. Equações Derivadas na Cinemática

No presente subtítulo, serão apresentadas todas as equações cinemáticas que foram deduzidas no decorrer do presente trabalho.

$MU \left\{ V = \Delta S/\Delta t \right.$

$$S = S_0 + V \cdot t$$

$MUV \left\{ \alpha = \Delta V/\Delta t \right.$

a) $V = V_0 + \alpha \cdot t$
b) $S = S_0 + V_0 \cdot t + \alpha \cdot t^2/2$
c) $V^2 = V_0^2 + 2\alpha \cdot \Delta S$

$MdUV \left\{ \beta = \Delta\alpha/\Delta t \right.$

a) $\alpha = \alpha_0 + \beta \cdot t$
b) $V = V_0 + \alpha_0 \cdot t + \beta \cdot t^2/2$
c) $S = S_0 + V_0 \cdot t + \alpha_0 \cdot t^2/2 + \beta \cdot t^3/6$
d) $\alpha^2 = \alpha_0^2 + 2\Delta S \cdot \beta$
e) $\alpha^3 = \alpha_0^3 + 6\Delta S \cdot \beta^2$

Leandro Bertoldo
Princípios da Mecânica dos Movimentos

MDUV $\{\omega = \Delta\beta/\Delta t$

a) $\beta = \beta_0 + \omega \cdot t$
b) $\alpha = \alpha_0 + \beta_0 \cdot t + \omega \cdot t^2/2$
c) $V = V_0 + \alpha_0 \cdot t + \beta_0 \cdot t^2/2 + \omega \cdot t^3/6$
d) $S = S_0 + V_0 \cdot t + \alpha_0 \cdot t^2/2 + \beta_0 \cdot t^3/6 + \omega \cdot t^4/24$
e) $\beta^2 = \beta_0^2 + 2\Delta\alpha \cdot \omega^2$
f) $\beta^3 = \beta_0^3 + 6\Delta V \cdot \omega^2$
g) $\beta^4 = \beta_0^4 + 24\Delta S \cdot \omega^3$

5. Equações Derivadas na Dinâmica

No presente item serão apresentadas todas as equações dinâmicas que foram deduzidas no decorrer do presente trabalho.

MU $\{Q = \Delta\Psi/\Delta t$

a) $\Delta\Psi = m \cdot \Delta S$
b) $\Psi = \Psi_0 + Q \cdot t$
c) $Q = m \cdot V$

MUV $\{F = \Delta Q/\Delta t$

a) $\Delta Q = m \cdot \Delta V$
b) $Q = Q_0 + F \cdot t$
c) $F = m \cdot \alpha$
d) $\Psi = \Psi_0 + Q_0 \cdot t + F \cdot t^2/2$
e) $Q^2 = Q_0^2 + 2F \cdot \Delta\Psi$

MdUV $\{\phi = \Delta F/\Delta t$

a) $\Delta F = m \cdot \Delta\alpha$
b) $F = F_0 + \phi \cdot t$
c) $\phi = m \cdot \beta$
d) $Q = Q_0 + F_0 \cdot t + \phi \cdot t^2/2$
e) $\Psi = \Psi_0 + Q_0 \cdot t + F_0 \cdot t^2/2 + \phi \cdot t^3/6$
f) $F^2 = F_0^2 + 2\Delta Q \cdot \phi$
g) $F^3 = F_0^3 + 6\Delta\Psi \cdot \phi^2$

MDUV $\{ \varphi = \Delta\alpha/\Delta t$

a) $\Delta\phi = m \cdot \Delta\beta$
b) $\phi = \phi_0 + \varphi \cdot t$
c) $\varphi = m \cdot \omega$
d) $F = F_0 + \phi_0 \cdot t + \varphi \cdot t^2/2$
e) $Q = Q_0 + F_0 \cdot t + Q_0 \cdot t^2/2 + \varphi \cdot t^3/6$
f) $\Psi = \Psi_0 + Q_0 \cdot t + F_0 \cdot t^2/2 + \phi_0 \cdot t^3/6 + \varphi \cdot t^4/24$
g) $\phi^2 = \phi_0^2 + 2\Delta F \cdot \varphi$
h) $\phi^3 = \phi_0^3 + 6\Delta Q \cdot \varphi^2$
i) $\phi^4 = \phi_0^4 + 24\Delta\Psi \cdot \varphi^3$

6. Tabela de Símbolos Cinemáticos

GRANDEZA	SÍMBOLO
Aceleração	α
Agilidade	ω
Celeridade	β
Espaço	S
Tempo	t
Velocidade	V

Leandro Bertoldo
Princípios da Mecânica dos Movimentos

7. Tabela de Símbolos Dinâmicos

GRANDEZA	SÍMBOLO
Fluxo de força	ϕ
Força	F
Forcejo	φ
Massa	m
Momento Espacial	Ψ
Quantidade de Movimento	Q

8. Glossário Cinemático

Aceleração: Avalia a variação da velocidade no decorrer do tempo.

Agilidade: Avalia a variação da celeridade no passar do tempo.

Celeridade: Avalia a variação da aceleração no decorrer do tempo.

Espaço: É a grandeza física que avalia a posição de um móvel numa trajetória.

Movimento: É a percepção da variação de posição de um corpo numa trajetória.

Tempo: É a medida da duração através de um fenômeno de frequência regular.

Velocidade: É a grandeza vetorial que avalia a intensidade do movimento.

9. Glossário Dinâmico

Fluxo de Força: É a grandeza que avalia a variação de força aplicada sobre um móvel no decorrer do tempo.

Força: É a grandeza vetorial que atua ou atuou no movimento dos corpos.

Forcejo: É a grandeza que determina a variação do fluxo de força no passar do tempo.

Massa: É a medida da quantidade de matéria contida no corpo.

Quantidade de Movimento: É a grandeza que determina a variação do momento espacial no decorrer do tempo.

Leandro Bertoldo
Princípios da Mecânica dos Movimentos

11. Generalização

1. Introdução

No presente capítulo serão consideradas as equações fundamentais da Mecânica dentro dos símbolos e conceitos do *Cálculo Variável*, visando sua resolução e generalização.

2. Primeira Variável Cinemática

A primeira variável cinemática é caracterizada pela equação da velocidade que fundamenta o movimento uniforme. No movimento uniforme a velocidade é igual ao quociente da variação de espaço, inversa pela variação de tempo.

Simbolicamente, o referido enunciado é expresso pela seguinte relação:

$$V = \Delta S / \Delta t$$

Considerando que ($t_0 = 0$), pode-se escrever que:

$$\Delta S = V \cdot t$$

Sabe-se que:

$$\Delta S = (S - S_0)$$

Substituindo convenientemente as duas últimas expressões, obtém-se a seguinte função:

$$S = S_0 + V . t$$

3. Segunda Variável Cinemática

A segunda variável cinemática é caracterizada pela equação da aceleração que fundamenta o movimento uniformemente variado.

No movimento uniformemente variado, a aceleração é igual ao quociente da variação da velocidade, inversa pela variação de tempo.

Simbolicamente, o referido enunciado é expresso por:

$$\alpha = \Delta V/\Delta t$$

que:

Pelos princípios do *Cálculo Variável*, pode-se escrever

$$\alpha = \Delta/\Delta t . (\Delta S/\Delta t)$$

Portanto, pode-se escrever que:

$$\alpha = \Delta^2 S/\Delta t^2$$

Considerando que ($t_0 = 0$). Então se pode escrever que:

$$\Delta^2 S = \alpha . t^2$$

Sabe-se que:

Leandro Bertoldo
Princípios da Mecânica dos Movimentos

$$\Delta^2 S = 2(\Delta S - \Delta S_0)$$

Substituindo convenientemente as duas últimas expressões, vem que:

$$2(\Delta S - \Delta S_0) = \alpha . t^2$$

Ou seja:

$$\Delta S - \Delta S_0 = \alpha . t^2/2$$

Portanto, pode-se escrever que:

$$\Delta S = \Delta S_0 + \alpha . t^2/2$$

Sabe-se que:

$$\Delta S_0 = V_0 . t$$

Então, substituindo convenientemente as duas últimas expressões, resulta que:

$$\Delta S = V_0 + \alpha . t^2/2$$

Foi demonstrado que:

$$\Delta S = (S - S_0)$$

Substituindo convenientemente as duas últimas expressões, obtém-se que:

$$S = S_0 + V_0 . t + \alpha . t^2/2$$

A referida expressão é a conhecida função espaço do movimento uniformemente variado.

4. Terceira Variável Cinemática

A terceira variável cinemática é caracterizada pela equação da celeridade que fundamenta o movimento dinâmico uniformemente variado.

No movimento dinâmico uniformemente variado, a celeridade é igual ao quociente da variação da aceleração pela variação de tempo.

Simbolicamente, o referido enunciado é expresso por:

$$\beta = \Delta\alpha/\Delta t$$

Pelos princípios do *Cálculo Variável* pode-se escrever que:

$$\beta = \Delta/\Delta t \; . \; (\Delta^2 S/\Delta t^2)$$

Portanto, resulta que:

$$\beta = \Delta^3 S/\Delta t^3$$

Considerando que $(t_0 = 0)$. Então se pode escrever que:

$$\Delta^3 S = \beta \; . \; t^3$$

Sabe-se que:

$$\Delta^3 S = 6[(\Delta S - \Delta S_0) - 2(\Delta S - \Delta S_0)_0]$$

Leandro Bertoldo
Princípios da Mecânica dos Movimentos

Substituindo convenientemente as duas últimas expressões, vem que:

$$6[(\Delta S - \Delta S_0) - 2(\Delta S - \Delta S_0)_0] = \beta \cdot t^3$$

Ou seja:

$$(\Delta S - \Delta S_0) - 2(\Delta S - \Delta S_0)_0 = \beta \cdot t^3/6$$

Logo, pode-se escrever que:

$$\Delta S - \Delta S_0 = 2(\Delta S - \Delta S_0)_0 + \beta \cdot t^3/6$$

Também se pode escrever que:

$$\Delta S = \Delta S_0 + 2(\Delta S - \Delta S_0)_0 + \beta \cdot t^3/6$$

Entretanto, sabe-se que:

a) $\Delta S_0 = V_0 \cdot t$
b) $2(\Delta S - \Delta S_0)_0 = \alpha_0 \cdot t^2$

Substituindo convenientemente as três últimas expressões, obtém-se que:

$$\Delta S = V_0 \cdot t + \alpha_0 \cdot t^2/2 + \beta \cdot t^3/6$$

Foi demonstrado que:

$$\Delta S = (S - S_0)$$

Substituindo convenientemente as duas últimas expressões, resulta que:

$$S = S_0 + V_0 . t + \alpha_0 . t^2/2 + \beta . t^3/6$$

A referida expressão representa a função espaço do movimento dinâmico uniformemente variado.

5. Quarta Variável Cinemática

A quarta variável cinemática é caracterizada pela equação da agilidade que fundamenta o movimento dinamizado uniformemente variado.

No movimento dinamizado uniformemente variado, a agilidade é igual ao quociente da variação da celeridade, inversa pela variação de tempo.

Simbolicamente, o referido enunciado é expresso pela seguinte relação:

$$\omega = \Delta\beta/\Delta t$$

Pelos princípios do *Cálculo Variável* pode-se escrever que:

$$\omega = \Delta/\Delta t . (\Delta^3 S/\Delta t^3)$$

Portanto, resulta que:

$$\omega = \Delta^4 S/\Delta t^4$$

Considerando que ($t_0 = 0$). Então se pode escrever que:

$$\Delta^4 S = \omega . t^4$$

Leandro Bertoldo
Princípios da Mecânica dos Movimentos

Sabe-se que:

$$\Delta^4 S = 24\{(\Delta S - \Delta S_0) - 6[(\Delta S - \Delta S_0) - 2(\Delta S - \Delta S_0)_0]_0\}$$

Substituindo convenientemente as duas últimas expressões, pode-se escrever que:

$$\{(\Delta S - \Delta S_0) - 6[(\Delta S - \Delta S_0) - 2(\Delta S - \Delta S_0)_0]_0 = \omega \cdot t^4/24$$

Logo, pode-se escrever que:

$$\Delta S - \Delta S_0 = 6[(\Delta S - \Delta S_0) - 2(\Delta S - \Delta S_0)_0]_0 + \omega \cdot t^4/24$$

Também se pode escrever que:

$$\Delta S = \Delta S_0 + 6[(\Delta S - \Delta S_0) - 2(\Delta S - \Delta S_0)_0]_0 + \omega \cdot t^4/24$$

Entretanto, sabe-se que:

a) $\Delta S_0 = V_0 \cdot t$
b) $2(\Delta S - \Delta S_0)_0]_0 = \alpha_0 \cdot t^2$
c) $6[(\Delta S - \Delta S_0) - 2(\Delta S - \Delta S_0)_0]_0 + \beta_0 \cdot t^3$

Substituindo convenientemente as quatro últimas expressões, resulta que:

$$\Delta S = V_0 \cdot t + \alpha_0 \cdot t^2/2 + \beta_0 \cdot t^3/6 + \omega \cdot t^4/24$$

Foi demonstrado que:

$$\Delta S = (S - S_0)$$

Leandro Bertoldo
Princípios da Mecânica dos Movimentos

Substituindo convenientemente as duas últimas expressões, resulta que:

$$\Delta S = S_0 + V_0 . t + \alpha_0 . t^2/2 + \beta_0 . t^3/6 + \omega . t^4/24$$

A referida expressão representa a função espaço do movimento dinamizado uniformemente variado.

6. Quadro de Generalização

A seguir segue-se um quadro contendo as equações fundamentais generalizadas dentro do conceito de *Cálculo Variável*.

Partes da Mecânica

Cinemática
Movimento Uniforme
$V = \Delta S/\Delta t$

Movimento Uniformemente Variado
$\alpha = \Delta^2 S/\Delta t^2$

Movimento Dinâmico Uniformemente Variado
$\beta = \Delta^3 S/\Delta t^3$

Movimento Dinamizado Uniformemente Variado
$\omega = \Delta^4 S/\Delta t^4$

Dinâmica
Movimento Uniforme
$Q = \Delta\Psi/\Delta t$

Movimento Uniformemente Variado
$F = \Delta^2\Psi/\Delta t^2$

Movimento Dinâmico Uniformemente Variado
$\phi = \Delta^3\Psi/\Delta t^3$

Movimento Dinamizado Uniformemente Variado
$\varphi = \Delta^4\Psi/\Delta t^4$

7. Generalizações de Funções

A partir deste item serão apresentadas rapidamente algumas funções generalizadas, tomando por base o movimento dinamizado.

a) $S = \{[\omega \cdot t^{n-0}/[6(n-0)]\} + \{[\beta_0 \cdot t^{n-1}/[2(n-1)]\} + [\alpha_0 \cdot t^{n-2}/(n-2)] + [V_0 \cdot t^{n-3}/(n-3)] + (S_0 \cdot t^{n-n})$

b) $V = \{[\omega \cdot t^{n-1}/[2(n-1)]\} + [\beta_0 \cdot t^{n-2}/(n-2)] + [\alpha_0 \cdot t^{n-3}/(n-3)] + (V_0 \cdot t^{n-n})$

c) $\alpha = [\omega \cdot t^{n-2}/(n-2)] + (\beta_0 \cdot t^{n-3}) + (\alpha_0 \cdot t^{n-n})$

d) $\Psi = \{[\varphi \cdot t^{n-0}/[6(n-0)]\} + \{[\phi_0 \cdot t^{n-1}/[2(n-1)]\} + [F_0 \cdot t^{n-2}/(n-2)] + [Q_0 \cdot t^{n-3}/(n-3) + (\Psi_0 \cdot t^{n-n})$

e) $Q = \{[\varphi \cdot t^{n-1}/[2(n-1)]\} + [Q_0 \cdot t^{n-2}/(n-2)] + [F_0 \cdot t^{n-3}/(n-3)] + (Q_0 \cdot t^{n-n})$

f) $F = [\varphi \cdot t^{n-2}/(n-2)] + [\phi_0 \cdot t^{n-3}/(n-3)] + (F_0 \cdot t^{n-n})$

12. Equações Relativísticas dos Movimentos

1. Introdução

O presente capítulo tem por objetivo mostrar rapidamente algumas equações básicas dos mais diferentes tipos de movimentos estudados nessa obra. Todas apresentadas sob o ponto de vista da teoria da relatividade especial de Einstein.

2. Equação Relativística da Quantidade de Movimento

Demonstra-se que a quantidade de movimento de um corpúsculo que se desloca numa velocidade (V), relativamente a um observador, pode ser expressa por:

$$Q = m_0 \cdot V/[\sqrt{1 - (V^2/c^2)}]$$

Onde a letra (m_0) representa a chamada *massa de repouso*, (c) representa a *velocidade da luz* e $[\sqrt{1 - (V^2/c^2)}]$ representa o denominado *fator de escala*.

3. Equação Relativística da Força

Demonstra-se facilmente que a força na dinâmica relativística é obtida pelo cálculo da derivada da quantidade de movimento relativístico, em relação ao tempo.

Simbolicamente, pode-se escrever que:

$$F = d/dt\{m_0 . V/[\sqrt{1} - (V^2/c^2)]\}$$

Nota-se, portanto, que a referida equação foi obtida a partir do princípio da conservação da quantidade de movimento.

4. Equação Relativística do Fluxo de Força

Verifica-se que o fluxo de força de um corpúsculo que se move com velocidade (V), em relação a um observador é igual ao cálculo da derivada segunda da quantidade de movimento relativístico, em relação ao tempo. Simbolicamente pode-se demonstrar que:

$$\phi = dF/dt$$

$$\phi = d/dt(dQ/dt)$$

$$\phi = d^2Q/dt^2$$

Portanto, vem que:

$$\phi = d^2/dt^2\{m_0 . V/[\sqrt{1} - (V^2/c^2)]\}$$

Observa-se que a definição de fluxo de força relativístico que atua sobre uma partícula foi deduzida a partir do princípio da conservação da quantidade de movimento.

5. Equação Relativística do Forcejo

Demonstra-se com relativa facilidade que o forcejo de um corpúsculo que se movimenta com velocidade (V), em relação a um referencial é igual ao cálculo da derivada terceira da quantidade de movimento relativístico, em relação ao tempo.

Simbolicamente, pode-se demonstrar a seguinte verdade:

$$\varphi = d\phi/dt$$

$$\varphi = d/dt(dF/dt)$$

$$\varphi = d^2F/dt^2$$

$$\varphi = d^2/dt^2(dQ/dt)$$

$$\varphi = d^3Q/dt^3$$

Assim, resulta que:

$$\varphi = d^3/dt^3\{m_0 \cdot V/[\sqrt{1 - (V^2/c^2)}]\}$$

Logo, fica claro que a equação do forcejo relativístico, que atua num corpúsculo foi deduzida a partir do princípio da conservação da quantidade de movimento.

www.ingramcontent.com/pod-product-compliance
Lightning Source LLC
Chambersburg PA
CBHW072142170526
45158CB00004BA/1479